나는 전자이다

전자가 말하는 물리현상

무로오까 요시히로 지음
이정한·손영수 옮김

전파과학사

머리말

「전기」를 공부한 적이 있는 독자들 가운데는 도대체 전기란 무엇일까 하는 의문을 아직도 품고 있는 사람이 있을 것이다. 필자도 그런 사람이다. 전기를 이해하기 어려운 가장 큰 이유 중 하나는 전기가 눈에 직접 보이지 않는다는 점에 있다. 그렇지만 번개의 현상이나 텔레비전, 라디오, 컴퓨터 등의 전기 제품이 인간 생활과 매우 밀접한 관계를 가졌다는 것은 틀림없는 사실이다.

우리는 전기가 없는 오늘날의 생활이란 도무지 생각조차 할 수 없다. 전기와 인간의 관계는 약 2000년 전에 마찰 전기가 발견되었을 때부터 시작되었다. 그리고 이들 전기에 관한 현상은 19세기에 맥스웰에 의해서 이론적으로 통일됨으로써 그 설명이 가능하게 되었다.

전기 현상을 조종하고 있는 것이 「전자」이다. 이것이 밝혀진 것은 20세기에 들어와서의 일이다. 전자는 질량과 전하를 가진 최소 단위의 물질 중 하나지만 너무 작아서 구체적으로 관찰이 어렵고, 현재도 그 크기는 베일에 가려져 있다.

이 책은 이런 전자가 물질의 세 가지 형태인 기체, 액체, 고체 속에서 어떤 상태로 존재하고, 또 어떻게 이동하고 있는가를 전자 자신의 입장에서 해설한 책이다. 그렇게 함으로써 여러 가지 전자기 현상과 전자가 좌우하는 물질 결합의 기본 원리까지 알 수 있게 설명했다. 또 현재의 일렉트로닉스 문명의 기초라고 할 트랜지스터와 같은 반도체에 있어서의 현상이나 컴퓨터로 대표되는 근대 과학 혁명의 세계에 전자가 어떻게 기여하고 있는가에 대해서도 언급했다.

이 책의 본문에 채택한 귀중한 재료는 도쿄대학의 이찌노세 선생과 니혼덴키(日本電氣: NEC) 마이크로일렉트로닉스 연구소의 오꾸도 씨가 제공해 주신 것으로 여기에서 감사를 드린다. 초전도를 비롯한 전자 관련 분야의 제일선에서 활약하시는 여러 선배와 동료로부터도 많은 지식을 얻은 데 대해서 감사한다.

이 책의 집필에 있어서 많은 호의를 베풀어 주신 고단샤의 고에다 씨와 책의 구성에 대해 각별한 배려를 아끼지 않으신 야나기다 씨에게도 진심으로 감사한다. 아울러 초고 단계에서 장마다 토론에 응해 주신 히다까 박사에게도 경의를 표하며, 끝으로 난잡한 초고를 몇 번이고 고쳐 써 준 아내 미에꼬에게도 이 지면을 빌어 감사한다.

차례

6

제1장 나와 인간이 친해진 시초

성장 과정

나는 전자(電子)이다. 이렇게 말해도 나의 존재를 똑똑히 알고 있는 것은 오로지 나뿐이다. 나는 집도 없고 부모도 없다. 섭섭하게도 어떻게 해서 태어났는지조차도 모른다. 그렇지만 나는 이 지구 위에 생물이 나타나기 전부터 살고 있었다. 다만 인간이 나의 존재를 알아채지 못했을 뿐이다. 지금으로부터 2000여 년 전에 인간은 고양이 털과 같은 자연물과 유리 같은 절연물을 서로 문지르면 서로가 끌어당기는 마찰 전기가 발생한다는 것을 이미 발견했다. 사실 그 작용의 주역이 바로 나, 「전자」이다.

나는 음극선(陰極線)이라고 불리고, 빛과 같은 파동 또는 인간의 눈으로는 볼 수 없는 골프공 같은 모양을 한 작은 입자이다. 과학자의 세계에 등장한 것은 지금으로부터 100여 년 전인 1874년의 일이다.

본래 나는 원자와 분자로 구성되어 있는 물질 속에 살고 있으며, 공기 속이라든가 진공 속과 같은 자유 공간으로 나올 수가 없게 되어 있다. 물질과 자유 공간 사이에 작은 산과 같은 장벽이 있기 때문이다. 그런데 내가 살고 있는 물질이 수천 도 이상으로 가열되거나 자외선과 같은 빛에 노출되면 나는 이 작은 산을 뛰어넘어 자유 공간으로 나올 수가 있게 된다. 금이라든가 구리와 같은 금속은 장벽이 비교적 낮기 때문에 온도가 낮아도 뛰어나오기가 쉽지만, 유리와 같은 절연물이 되면 장벽이 높아서 뛰어나오기가 어렵다. 내가 이 장벽의 산을 뛰어넘기 위해서는 에너지를 소모해야 하는 것은 당연한 일이다. 과학자는 이 산을 뛰어넘는데 필요한 에너지를 가리켜 물질의 일함수(函數)라고 한다.

나는 이 지구 위에 있고, 더구나 전기를 띠고 있는 가장 작은 입자라고 자부하고 있다. 그러나 물질 속에 살고 있을 때는 좀처럼 자유로운 운동이 허용되지 않는다. 도선(導線)과 같은 금속 속에 살고 있을 때도 도선의 양단에 전압이 가해지지 않으면 자유로이 움직일 수가 없다. 가늘고 긴 도선 양단에 전압을 가하면 전류가 흐른다는 것은 중학생이라면 누구라도 알고 있다. 이 전류의 주역도 역시 나, 「전자」이다.

그런데 도선의 양단에 전압을 가한 채로 도선의 중간을 절단하면 나는 도선 속을 흘러가지 못하게 된다. 내가 도선의 끝에서 자유 공간으로 나가지 못하기 때문이다. 그러나 도선의 양단에 가하는 전압이 높아지면 나는 음전극(陰電極) 쪽의 절단 부분으로부터 자유 공간으로 뛰어나갈 수가 있다. 그리고 공기 속을 통과해서 양전극(陽電極) 쪽의 절단 부분으로 이동해 간다.

내가 자유 공간을 이동하는 데 문제가 없는 것은 아니지만 진공 속은 별도로 친다 해도 공기 속에는 많은 공기 분자가 있어서 이것이 나의 이동을 방해하고 있다. 공기는 질소 분자와 산소 분자가 4:1의 비율로 섞여 있는 기체이다. 공기 분자도 나와 마찬가지로 인간의 눈에는 보이지 않는 작은 물질이며 1㎤ 속에 10^{19}개 이상이나 있다.

이렇게 많은 분자가 공기 속에 있으므로 내가 이동할 수 없는 것은 당연한 일인지 모른다. 내가 음극성인 도선 끝에서 출발하여 양극성인 도선 끝으로 이동할 때는 1㎝를 진행할 때마다 3만 번 정도 공기 분자와 충돌한다. 더구나 공기 분자 하나하나는 나보다 1만 배 이상 무겁기 때문에 내가 충돌한다고 해도 꿈쩍도 하지 않는다.

공기의 압력이 낮아지면 공기의 분자 수도 감소한다. 그렇게 되면 내가 공기 분자와 충돌하는 횟수도 줄어들고, 도선의 절단 부분을 이동할 수 있게 된다. 기압이 대기압의 3만 분의 1이 되면 나는 분자와 충돌하는 일도 없이 1cm를 진행할 수 있게 된다.

여기서 주의할 점은 내가 공기 속을 단독으로 달려가는 일은 거의 없고 수만, 수억의 많은 동료와 함께 이동한다는 점이다. 따라서 그 가운데는 1cm도 못 되는 짧은 거리를 달려가는 동안에 공기 분자와 충돌하는 동료가 있는가 하면, 그보다 훨씬 더 긴 거리를 충돌하지 않고 달려가는 동료도 있다. 즉 1cm라고 하는 거리는 그 평균적인 값이며, 평균자유행정(平均自由行程)이라고 불린다.

대기압의 3만 분의 1이라고 하는 기압은 백열전구의 내부 압력과 거의 같다. 이 상태를 일반적으로 진공이라 부른다. 진공은 이처럼 놀라울 만큼 압력이 낮은 상태이나, 한 변의 길이가 1cm인 정육면체 속에 공기 분자가 1000조(10^{15}) 개나 있다. 「물질이 존재하지 않는 공간」을 진공이라고 부르는데도, 이토록 많은 분자(물질)가 있는 상태를 진공이라고 하는 것은 어떤 이유일까?

본래 진공이라는 것은 인간이 오감(五感)을 작용하여 물질의 존재를 인식하기 위해 사용한 단위이기 때문에 엄밀한 의미를 지니지 않는 것은 당연할지도 모른다. 과학자가 사용하는 엄밀한 의미에서의 진공 상태는 기압이 대기압의 10^{16}분의 1(10^{-16}) 이하를 말한다. 이 경우에도 한 변이 1cm인 정육면체 속에 약 1,000개의 분자가 존재한다. 이처럼 낮은 압력 상태는 현재로서는 이 지구 위에 실재(實在)하지 않는다. 실제로 있다고 하더라도 그 기압을 측정하는 방법은 없다. 그렇다고 해서 이와 같은 고진공 상태가 실현될 수 없다는 보증도 없거니와 또 가능하다는 보증도 없다.

크룩스와의 만남

내가 인간에게 발견된 실마리를 제공한 것은 진공이라 불리는 공기 분자가 적은 공간을 달려가는 기회를 얻었을 때의 일이다. 그렇다면 인간이 나의 존재를 알아채기 위해서는 내가 진공이라고 불릴 만한 낮은 기압 속을 달려가야만 했는데, 이는 내가 달려간 발자국에 빛이 발생하는 현상이 일어났기 때문이다. 즉 기압을 낮게 하면 전극 사이에 가해지는 전압이 낮은데도 불구하고 안정된 아름다운 빛이 연속적으로 발생하는 것이다.

내가 공기와 같은 기체 속을 달려감으로써 생기는 발광현상(發光現象)은 인간의 사회생활에 여러 가지 광명을 주고 있다. 형광등이 대표적인 예이다. 지금으로부터 100여 년 전에 영국의 크룩스(William Crookes, 1832~1919)는 형광등과 같은 길쭉한 유리관을 이용하여 발광현상을 관측하고 있었다. 진공 상태로 되어 있는 유리관 양쪽에 금속으로 만든 판판한 모양의 두 전극을 마주 보게 하고 전극 사이에 전압을 가했다. 유리관은 투명하기 때문에 내부에서 일어난 발광현상은 외부에서도 손에 잡히듯이 보였다. 전극 사이에 가하는 전압이 비교적 낮은 동안에는 발광현상이 인지되지 않지만, 전압이 증가함에 따라서 약한 발광현상을 인지할 수 있게 되고, 이윽고 유리관 전체가 황백색으로 변신하는 것이다. 이 빛이야말로 나의 작용에 따라 발생한 빛이다. 그러나 그 당시 내가 그와 같은 발광현상과 관계를 가졌으리라고 생각한 과학자는 거의 없었다.

유리관 속의 발광현상을 자세히 관측하고 있던 크룩스는 우연히 양전극 주위의 발광현상이 다른 부분의 그것과는 다른 현상임을 발견했다. 그리고 양전극 가까이에 내가 통과하기 힘든 물질인 에보나이트판을 둠으로써 양 전극 가까이의 발광현상이 없어진다는 사실을 발견했다. 그 결과, 발광을 유발하는 무엇인가가 음전극 쪽으로부터 양전극 쪽으로 이동하고 있다는 것이 실증되었다. 하지만 그 정체가 나라는 것을 확인하지 못한 채, 크룩스는 이것에다 음극선이라는 이름을 붙였다. 그것이 1874년의 일이다. 그 당시는 음전극을 가리켜 음극(cathode), 양전극을 가리켜서 양극(anode)이라 부르고 있었다. 따라서 음극에서 발생한 선(線) 모양의 그 무엇인가를 음극선이라고 부르게 된 것이다. 나의 존재가 인간에게 발견된 것은 이때가 처음이었다.

나를 발견했다

1897년, 내게는 역사적인 사건이 일어났다. 만약에 내가 음전하와 유한한 질량을 갖는 입자라고 한다면, 달려가고 있는 내게 자계(磁界)를 가하면 진행 방향이 바뀔 것이라고 생각한 학자가 나타났다. 그가 바로 영국의 물리학자 톰슨(Joseph John Thomson, 1856~1940)이다. 그림은 그때 사용된 실험 장치의 개요도이다.

길쭉한 유리관 안에 두 개의 판판한 판자 모양의 전극이 마

주 보게 배치되고, 내가 공기 분자의 방해를 받지 않고 달려갈

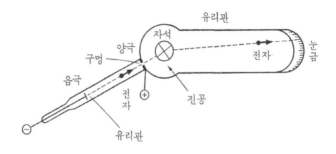

〈그림 1-1〉 톰슨이 사용한 실험 장치

수 있도록 진공으로 되어 있다. 두 전극(양극과 음극) 사이에는
비교적 높은 전압이 가해져 있었으므로, 나는 음극 표면의 장
벽을 힘들이지 않고 뛰어넘을 수 있었다. 나는 양극으로 향해
서 곧장 달려갔던 것이다.

그런데 놀랍게도 톰슨은 내가 달려가는 경로를 예상하고 있
었던 모양이다. 양극의 중앙에 내가 통과할 수 있을 만한 작은
구멍을 뚫어 놓았다. 그런 줄도 모르고 양극의 구멍을 통과하
자 저편에는 진공 상태로 된 유리관이 이어져 있었고, 나의 행
동을 속박하는 자석이 장치되어 있었다. 사실대로 말한다면 전
에도 나는 강한 자석으로 된 자계(磁界) 속을 멍청하게 달려간
적이 있었다. 그때 나는 회전 운동을 하도록 강요받고 혼이 난
일이 있다. 나는 자석의 N극과 S극 사이에 끼인 진공 속을 통
과했다. 자석이 있는 곳을 무사히 통과한 후, 나는 구부러진 방
향으로 직진할 수 있었다. 나는 톰슨이 계획했던 바로 그 장소
에 도달할 수 있었던 것이다.

그럼에도 불구하고 톰슨은 나의 구부러진 경로를 똑똑히 알

수가 없었다. 그래서 그는 이어놓은 유리관 안쪽에 인광물질(燐光物質)을 바르기로 했다. 그 결과, 유리 표면에 도달했을 때 그 장소가 빛을 내서 나의 굴절 상태가 밝혀졌다. 어쨌든 나는 인간의 눈으로는 관측할 수 없을 만큼 작은 데다 질량도 작다. 그러나 나의 질량과 전하량(電荷量) 비의 값은 각각의 절댓값보다 엄청나게 커진다. 이런 점에 착안한 톰슨은 이 비를 정확하게 측정하는 일에 성공했다. 이 실험 결과로부터 톰슨은 내가 전하와 질량을 지니는 입자라고 발표했던 것이다.

그렇지만 내가 너무 작기 때문에 당시의 과학자 그 누구도 나를 어떻게 표현해야 할 것인지 좋은 판정 방법을 찾지 못했다. 그 때문에 어느 때는 입자라느니 또 어느 때는 파동이라느니 하는 갖가지 소문이 나돌았다. 지금은 내가 입자이면서 파동이라는 것이 사람들에게 분명하게 알려지고 말았다.

나의 전하량

어쨌든 나는 이 지구 위에 살고 있는 음전기를 띤 가장 작은 입자이다. 전계(電界) 속을 달려가는 속도를 알게 되면, 내가 지니고 있는 전하량을 알지도 모른다. 그런데 나는 플라스마와 같은 고온 상태는 따로 있고, 그 밖의 상태에서는 단독으로 자유 공간에 존재하도록 허용되어 있지 않다. 설사 장벽인 산이 작은 금속 물질로부터 자유 공간으로 뛰어나갔다고 한들, 결국은 주위에 있는 공기 분자라든가 수증기의 분자에 붙고 만다.

내가 어떤 메커니즘(기구(機構))으로 수증기, 즉 물 분자에 부착되느냐는 문제는 뒤에서 설명하기로 하고, 여기서는 매우 작은 물질인 기름방울(지름 1,000분의 1㎜)에 붙었을 경우에 관해

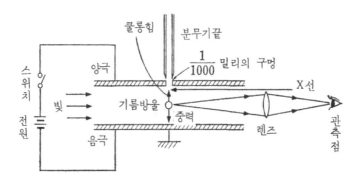

〈그림 1-2〉 밀리컨의 실험

얘기하기로 한다. 이 실험은 1909년에 미국의 물리학자 밀리컨(Robert Andrew Millikan, 1868~1953)이 내가 지니는 전하량을 측정한 방법이다.

〈그림 1-2〉와 같이 평판(平板) 모양을 한, 두 개의 금속 전극을 대지에 평행이 되게 배치한다. 위쪽의 평판 전극 중앙에는 지름이 1,000분의 1㎜인 기름방울이 통과할 수 있는 크기의 구멍이 뚫려 있다. 이 기름방울은 안개처럼 가볍기 때문에 인간이 가볍게 숨을 내뿜어도 날아간다. 그 때문에 실험 장치는 무풍 상태가 유지될 수 있게 사방이 둘러싸여 있었다.

작은 구멍을 통과하여 전극 사이에 나타난 기름방울은 전극 사이와 평행인 방향으로부터 X선이 노출되고 있는 공간을 통과한다. X선에 의해 공기 분자로부터 뛰어나간 자유로운 몸이 된 나는 기름방울에 붙어서 자유낙하(自由落下)를 한다. 기름방울이 평판 전극 사이의 중앙으로부터 약간 아래쪽에서 윗부분의 전극이 양의 극성이 되게 직류 전압이 가해지면, 내가 지니는 전하는 음의 극성이므로 기름방울은 양전극 쪽인 위쪽으로 끌어

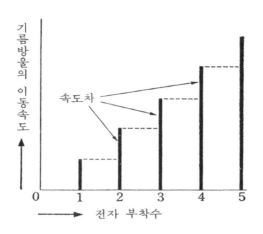

〈그림 1-3〉 전자의 부착수와 기름방울의 이동 속도

올려지듯이 힘을 받는다.

그 결과, 내가 붙은 기름방울은 위쪽으로 이동하기 시작한다. 반면 내가 붙어 있지 않은 작은 기름방울은 전기적으로 중성(中性)이기 때문에 전계와는 관계없이 자유낙하를 하는 것이다.

내가 기름방울에 붙을 때는 단독으로 붙는 경우와 몇몇 동료들과 함께 붙는 경우가 있다. 기름방울의 크기가 일정하다면 기름방울이 이동하는 속도 변화는 우리가 붙은 수와 비례한다. 밀리컨은 이와 같은 작은 기름방울의 운동 상태를 갈릴레오(Galilei Galileo, 1564~1642)가 고안한 망원경을 사용하여 관측했다. 〈그림 1-3〉은 그 측정 결과이다.

동료가 하나 더 많이 붙은 기름방울이냐, 아니면 하나가 적냐는 것이 속도 변화로서 밝혀진 것이다. 또 내가 지니는 전하량과 전계를 곱한 값이 기름방울의 질량에 중력가속(重力加速)을 곱한 값(중량)보다 크다면 우리가 붙은 기름방울은 위쪽으로 이동한다. 여기서 전계의 크기는 두 전극 사이에 가해진 전압을 거리로 나눈 것으로서 얻어진다. 또 기름방울의 질량은 망원경으로 측정한 기름방울의 크기에서 얻어진다. 〈그림 1-3〉에 보인 기름방울의 속도 분포는 어떤 속도의 정수배로 되어 있었던 것이다. 이리하여 기름방울의 질량과 속도, 전계의 크기 등이 밝혀지고 내가 지니는 전하의 양이 결정되었다. 그 결과, 현재 널리 알려져 있는 나의 전하량 1.602×10^{-19} 쿨롱이 결정되었다. 또 이 전하량의 값과 톰슨이 측정한 나의 질량과 전하량의 비의 값으로부터 나의 질량 9.11×10^{-31}kg이 확정되었다. 내가 1874년에 음극선이라고 불리며 과학자의 세계에 등장하고서부터 35년 후의 일이다.

나는 왜 물질 속에 있을 수 있는가?

양전기와 음전기를 띤 두 물질이 흡인하는 현상은 2000여 년 전에 발견되었는데, 그 후에 쿨롱(Charles Augustin de Coulomb, 1736~1806)에 의해 이론식(理論式)으로 완성되었다. 이것은 「쿨롱의 법칙」이라 불리고 있다.

이 법칙에 따르면 양전기와 음전기가 서로 끌어당기는 힘은 서로의 거리의 제곱에 반비례한다. 즉, 거리가 2배가 되면 힘은 1/4이 되고, 거리가 3배로 되면 1/9이 된다. 또 거리가 절반으로 되면 힘은 4배가 되고, 거리가 1/4로 되면 16배로 된다. 만약에 이것이 진실이라면 내가 원자 속에 살고 있을 때는 원자의 중심에 있다고 생각되는 양전기를 갖는 입자에 끌어당겨질 것이다. 왜냐하면 나와 양전하와의 거리가 매우 작기(1억 분의 1㎝) 때문이다. 그럼에도 불구하고 그렇게 가까운 거리에서 내가 안정되게 존재할 수 있는 데에는 어떤 메커니즘이 있을 것이 틀림없다.

뒷골목에서 아이들이 물을 가득 담은 작은 물통을 뱅글뱅글 돌리고 있는 광경을 볼 때가 있다. 회전 속도를 크게 하면 물통을 머리 위로 돌려도 물이 쏟아지지 않는다는 것은 아이들도 잘 알고 있다. 이것은 물통 속 물에 원심력이 작용하고, 아이가 팔로 지탱하는 물통이 그것을 저지하고 있기 때문이다. 나의 경우도 같은 이치이다.

나는 원자의 중심에 있는 양전하를 가진 입자에 쿨롱 힘으로 끌어 당겨지고 있지만, 그 입자 주위를 회전함으로써 원심력과 쿨롱 힘이 균형을 이룰 만한 위치에서 안정되게 있을 수 있다. 이 경우는 내가 물통 속의 물이고, 쿨롱 힘이 아이의 팔과 물통에 대응한다. 아이의 팔은 늘어났다가 줄어들었다가 하지 않지만, 쿨롱 힘은 고무줄처럼 늘어났다가 줄어들었다가 한다. 나와 양전기 사이의 거리는 자유로이 늘었다 줄어들었다 할 수 있기 때문이다.

내가 살고 있는 물질을 가열하면 나는 작은 산을 뛰어넘어서 자유 공간으로 나갈 수 있다고 말했는데, 외부로부터 가해진 열에너지는 원자 안의 나의 운동에너지로 흡수된다. 이 운동에너지가 나의 회전 운동의 근원이다. 외부에서 가해진 열에너지가 증가하면 나의 회전 속도는 더욱 증대한다. 이 상태는 내가 사는 물질의 온도가 높아진 상태이다.

온도가 어느 값 이상이 되면 나의 회전 운동에 의한 원심력이 쿨롱 힘보다 커지고, 고무줄이 톡 끊어지듯이 나는 그 원자로부터 떨어져 자유 공간으로 뛰어나간다.

내가 떨어져 나간 뒤에 남겨진 상태의 원자와 분자는 이온이라고 불린다. 이온 상태가 되기 위한 에너지를 이온화(化)에너지라고 부른다. 이때 외부로부터 얻은 에너지는 내가 쿨롱 힘을 이겨내서 이룩한 일과 같은 것이다.

나를 끌어당기고 있는 입자란?

지금으로부터 400년쯤 전에 이탈리아의 과학자 갈릴레오가 지동설(태양 중심설)을 제창하여 종교 재판을 받은 일은 너무 유명하다. 그전까지는 지구가 천체의 중심에 있고, 태양을 비롯한 모든 별은 지구 주위를 회전하는 것이라고 가르쳐 왔었다. 태양의 질량이 지구 질량의 40만 배 정도로 크다는 것이 밝혀진 현재는 태양이 지구 주위를 회전하고 있다고 생각하는 사람은 거의 없다.

나의 경우에도 같은 말을 할 수 있을 것이다. 내가 양전하를 갖는 입자 주위를 회전하고 있다는 것은 나의 수백 배, 수천 배의 질량을 지니는 입자가 원자의 중심에 있다는 것을 암시한다. 이 문제는 수소 원자에서 상세히 검토되었고, 원자의 중심에 존재하는 입자는 질량이 나보다 1,800배나 더 무겁다. 더구나 그 전하의 양이 나의 그것과 같다는 것도 알았다. 그리고 영국의 물리학자 러더퍼드(Ernest Baron Rutherford, 1871~1937)는 이 입자를 양성자(陽性子: proton)라고 명명했다. 이윽고 수소 원자의 경우 그 내부에 나와 양성자가 각각 한 개씩 살고 있다는 것도 알았다. 원자의 내부에 있는 입자는 양성자가 발견되기 직전까지 믿어왔던 것처럼 나와 질량이 같으며, 더구나 양전기를 갖는 입자는 아니었다.

그 후 1932년에 영국의 물리학자 채드윅(James Chad- wick, 1891~1974)이 원자 안에서 중성자(中性子)를 발견했다. 나는 말로 표현할 수 없을 만큼 크게 놀랐다. 중성자는 저 원자에도, 이 원자에도 수없이 많이 존재한다는 것을 알았고, 또 중성자의 질량이 나와 양성자의 질량을 합한 것과 거의 같다는 것, 또 중성자가 붕괴해서 양성자와 나와 뉴트리노(中性微子: neutrino)로 분리되는 등의 현상이 있다는 사실을 알았기 때문이다. 중성자가 붕괴할 때 방출되는, 동료가 가지고 있는 에너지는 통상적인 동료가 가진 에너지의 수천, 수만 배나 크다. 그래서 이 친구에게는 베타(β)선이라는 이름이 붙여졌다.

연인의 탄생

1928년, 영국의 물리학자 디랙(Paul Adrien Maurice Dirac, 1902~1984)은 내가 원자 속에 있는 상태를 이론적으로 설명하려고 노력하던 중 질량 및 전하의 절댓값이 나와 같고, 전하의 극성이 반대인 입자가 존재하지 않으면 곤란하다는 사실을 알아챘다. 그래서 그는 우선 그 입자에 양전자(陽電子: positron)라는 이름을 붙였다. 나의 진짜 이름은 「전자」이지만, 음전하를 가졌다는 이유에서 음전자(陰電子)라고 불리는 일이 있다. 이와 비교해 새로운 입자는 질량과 전하의 절댓값은 나와 같지만, 전하의 부호가 반대라는 이유에서 양극성을 지니는 전자, 즉 양전자라고 명명된 것이다.

그로부터 4년 후인 1932년에 미국의 물리학자 앤더슨(Carl David Anderson, 1905~1991)에 의해 나의 연인(양전자)이 실제로 존재한다는 것이 실증되었다. 그러자 물리학자들은 양전자를 나의 진짜 연인이라고 결론짓고, 반입자(反粒子: antiparticle)라고 부르게 되었다. 나는 곧 내 마음에 드는 연인을 찾기 시작했는데, 중성자가 발견되었을 때보다도 더 충격적인 사건이 일어났다. 그것은 나의 동료가 연인(양전자)을 골라서 결혼을 하여, 둘이 맺어지자 놀랍게도 질량이 없는 광자(光子: photon)로 변신했기 때문이다. 양전자와 결합함으로써 질량이 없는 광자로 변신한다는 것은, 내가 이 지구 위에서 완전히 소멸된 것이나 마찬가지여서 나의 명예를 크게 훼손시킨 것이 된다. 그렇다면 질량이 없는 광자로부터 내가 태어날 기회가 있느냐고 물리학자에게 물어보았더니 확실히 가능하다는 대답이 돌아왔다. 정말로 불가사의한 현상이다.

나의 크기와 주택

제1장 서두에서 나는 집도 없고 부모도 없다고 말했는데, 그것은 몸을 담을 일정한 집이 없다는 것을 말한다. 동료도 마찬가지이지만 살고 있는 기간이 길다느니 짧다느니 하는 불평만 하지 않는다면 어쨌든 사는 집이 있기는 하다. 그것은 원자라고 불리며 크기가 1억 분의 1㎝라는 매우 작은 집이다.

세계에서 가장 정밀도(分解能)가 높은 전자현미경이라고 불리는 기계를 사용해도 그 존재를 가까스로 확인할 수 있을 정도의 크기이다. 이렇게 작은 집에 살고 있지만 나는 그 집 안에서도 무시될 만큼이나 작다. 그런 까닭으로 나의 크기를 정확하게 가리키기는 어려운 일이다. 그러나 나의 질량이나 전하량은 매우 정확하게 측정되어 있다. 다만 웬일인지 크기만이 명확하지 않다. 그것은 내가 자유 공간에 정지한 상태로는 있을

수 없기 때문인지도 모른다. 내가 크기를 가졌다는 것은 정지
(靜止) 질량을 가졌다는 것과 전하를 가졌다는 것으로도 필연적

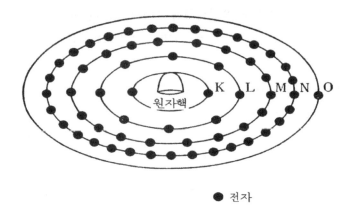

● 전자

〈그림 1-4〉 대표적인 원자 모델. 전자가 존재할 수 있는 궤도는 안쪽
으로부터 K, L, M, N, O … 각(殼)으로 명명되어 있다

으로 말할 수 있는 일이다.

만약에 나의 크기가 제로(0)와 같다고 한다면 어떤 모순이 일
어날까? 이를테면 질량을 체적으로 나눈 질량밀도(質量密度)가
무한대가 된다. 또 크기에 반비례하는 전위(電位)도 무한대가 된
다. 물리학은 유한(有限)의 학문이므로 나의 크기가 제로와 같다
고 한다면 그것은 곧 물리학을 부정하는 것이 된다. 자연 과학
이 물리학의 기초 아래서 성립되고 있다는 것을 생각한다면 나
는 크기를 갖지 않으면 안 된다. 현재로서 나의 크기는 내가
지니고 있는 정지에너지와 정전(靜電)에너지로부터 추정되며, 약
10^{-13} cm라고 되어 있다.

1897년에 나의 존재를 실증해 준 톰슨은 아마도 내가 음전
극(음극)의 내부에 살고 있는 것이라고 상상했을 것이 틀림없다.

그것은 내가 발견된 당시 음극선이라고 불리고 음극 쪽에서 출발하여 양전극(양극) 쪽으로 달려가고 있었기 때문이다. 또 내가 달려가고 있던 공간이 외관상으로는 진공(엄밀하게는 기체 분자가 존재한다)으로 되어 있었던 것도 원인의 하나이다.

1901년에 프랑스의 물리학자 페랭(Jean Baptiste Perrin, 1870~1942)은 화성, 금성, 지구와 같은 행성이 태양 주위를 회전하고 있듯이, 내가 양전하인 양성자를 중심으로 그 주위를 회전하고 있는 「원자의 핵─행성 구조」의 원자 모델을 발표했다. 이와 같이 20세기 초에는 이미 현재에 알려져 있는 것과 같은 원자 모델의 윤곽이 완성되어 있었다.

제2장 나와 전기

전기와 전자의 패러독스

최근에 나는 재미있는 이야기를 들었다.

평소 알뜰한 젊은 부인이 아끼고 아껴서 모은 돈으로 최신형 전기 재봉틀을 사기 위해 전기 기구를 파는 가게를 찾아갔다. 그 부인은 가게 주인에게 값이 알맞고 쓰기 쉬운 전기 재봉틀이 없느냐고 물었다. 가게 주인의 얘기로는 「전기 재봉틀보다는 전자 재봉틀이 편리하니 그걸 권하겠다」라는 대답이었다. 전기에 관해서 별 지식이 없는 그 부인은 전기 재봉틀과 전자 재봉틀의 차이를 알 수 없었기에 다시 물어보았다.

그런데 그 주인의 대답이 걸작이다. 전기 재봉틀은 발로 스위치를 넣었다 끊었다 하는데, 전자 재봉틀은 손가락 끝으로 토닥토닥 버튼을 가볍게 누르기만 하면 된다는 것이었다.

그 부인은 전자 재봉틀은 최신형 컴퓨터가 내장되어 있어 다루기가 어렵지 않을까 하고 은근히 걱정을 하고 있었는데, 가게 주인의 이야기를 듣는 사이에 전기 재봉틀이나 전자 재봉틀이 그렇게 큰 차이가 없다는 것을 알았다고 한다.

그럼에도 부인은 약간 불안해서 사지 않고 집으로 돌아왔다. 이야기를 들은 남편도 부인과 마찬가지로 전기에 대해서는 깜깜했기 때문에 난처했다. 상의한 결과, 신문이나 텔레비전은 물론 모든 매스컴이 현대는 일렉트로닉스의 시대라고 선전하고 있으니까 전자 재봉틀이 낫지 않겠느냐는 결론을 내렸다는 것이다.

마찬가지 일이 전기 오르간과 전자 오르간에서도 있을 것 같다. 최근에 전기 자동차가 시판되어 곧 전자 자동차도 시판될 날이 멀지 않을지도 모른다. 전기 제품이라고 불리는 물건은

「전자……」니 「……전자」니 하여, 내 이름을 상품의 머리나 꼬리에다 붙이면 물건이 잘 팔린다고 한다.

그렇다면 전기니, 전자니 하는 이름은 언제, 어떻게 해서 붙여졌을까?

영국에서는 지금으로부터 350여 년 전인 17세기 중엽에 양전기와 음전기가 흡인하거나 반발하는 현상을 통틀어서 전기(electricity)라고 했다. 그런데 1897년에 내가 발견되고부터는 전기는 모조리 나의 행동에 따라 발생하는 현상이라는 것을 알게 되었다.

내가 발견되기 전에도 전기의 본질이 되어야 할 그 무엇이 물질 속에 있을 것이 틀림없다고 생각한 학자가 있다. 영국의 패러데이(Michael Faraday, 1791~1867)와 독일의 베버(Wilhelm Eduard Weber, 1804~1891)가 그 대표적인 학자이다. 1891년에 영국의 스토니(George Johnstone Stoney, 1826~1911)는 이와 같은 전기의 기본이 되는 소량(素量)을 일렉트론(electron)이라고 명명했다. 그 당시 나는 아직 발견되지도 않았으므로, 빛과 같은 파동이나 골프공과 같은 입자라고 생각하고 있었다.

1905년, 네덜란드의 물리학자 로렌츠(Hendrik Antoon Lorentz, 1853~1928)는 톰슨에 의해 발견된 입자(그 당시는 톰슨 입자라고 불렸다)에 전자(electron)라는 명칭을 부여하여 내가 금속을 통과하는 메커니즘을 발표했다. 이 사실로 인해 로렌츠가 나에게 「전자」라는 명칭을 준 최초의 과학자로 일컬어지고 있다. 이 명명에 얽힌 이야기가 정말인지 어떤지는 분명하지 않지만 어쨌든 내가 「전자」로 불리게 된 것은 1900년 이후의 일이다.

번개 전기의 발견

예로부터 무서운 존재가 무엇이냐고 하면 흔히들 지진, 번개, 화재, 아버지 등을 든다. 이것들은 많은 사람이 무서워하는 대표적인 것이다. 그중에서 나와 직접으로 관계가 있는 것은 번개이다.

번개는 태곳적부터 있었던 자연현상의 하나이다. 과학이 진보한 현대에도 인간의 힘으로는 어떻게 할 수 없는 현상이다. 번개는 하늘의 신(神)의 노여움이라 하여 인간의 두려움을 받아왔는데, 지금으로부터 200여 년 전에 미국의 과학자이자 정치가였던 프랭클린(Benjamin Franklin, 1706~1790)에 의해서 그 본성이 밝혀졌다.

프랭클린은 뇌운(雷雲)이 발달한 어느 날, 연을 올려서 번개가 가진 것으로 생각되는 전기를 연에 달린 실을 통해서 지상의 실험실로 유도하는 실험을 했다. 실험실에는 구형(球型)의 전극 두 개가 상하로 배치되고, 위쪽 전극은 연줄 끝에, 아래쪽 전극은 대지에 연결되어 있었다. 실험실로 이끈 번개 전기에 의해서 불꽃 방전이 일어난 것은 지금 보면 당연한 일이었다. 이 불꽃 방전 현상이 실험실에서 인공적으로 발생시킨 방전 현상(放電現象)과 같았기 때문에, 프랭클린은 낙뢰 현상(落雷現象)은 양전기와 음전기가 서로 흡인하는 현상이라고 결론지었다.

그 후의 연구로 번개를 일으키는 뇌운은 전기적으로는 중성인 공기 중의 수증기가 상승기류를 타고 상승하여 빙점하의 상공에서 양전하와 음전하로 분리된 상태라는 것을 알아냈다. 상공에 양전하의 덩어리인 뇌운이 있고, 그 아래쪽에 음전하의 덩어리인 뇌운이 분리되어 발생하는 것이다(자세한 것은 제4장 참조).

사랑도 중매하는 나

십수 년 전의 어느 여름, 나에 관한 것을 여러 가지로 저술하는 어느 선생님이 지방을 여행했을 때의 일이다. H시에서 K시로 향하는 급행열차를 탔는데 좌석이란 좌석은 거의 꽉 차 있었다. 냉방 시설이 불완전하던 때라서 차 안은 흡사 찜통 같았다. 아무리 더운 여름철이라고 해도 이런 찜통 같은 차 안에서 앞으로 두어 시간 남짓 서서 갈 것을 생각하니 기가 막혔다.

그때 문득 앞을 보니 대학생 같은 아가씨가 혼자 앉아 있고, 그 옆자리에는 흰 모자 하나가 놓여 있었다. 선생님은 용기를 내어 그녀에게로 다가가 「이 자리가 비었나요?」 하고 물었다. 그녀는 힐끗 선생님을 쳐다보고는 「네, 앉으세요.」 하고 상냥하게 말했다. 선생님은 「이젠 됐구나」 하고 기쁜 마음으로 자리에 앉았다. 곧 열차가 출발했다.

얼마 후에 서로 말문을 텄다. 그녀는 K시에 있는 대학의 학생인 듯했다. 그녀에게 연인이 있다는 것도 알았다. 애인은 그녀의 집 근처에 살고 있었는데 최근에 도쿄의 어느 대학으로 갔다고 한다. 멀리 가게 된 청년의 마음이 그녀에게서 멀어진 것이 아닐까 하여 불안해하고 있었다. 화제가 핵심에 다다르자 그녀의 목소리는 맥이 빠졌다. 그러자 선생님은 이때라는 듯이 쿨롱의 이야기를 시작했다.

「자연현상을 지배하고 있는 법칙 중에는 양전기와 음전기가 서로

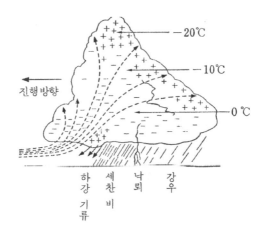

〈그림 2-1〉 번개를 일으키는 적란운 안의 전하 운동

끌어당기는 쿨롱의 법칙이 있잖아요.」

하고 말머리를 풀기 시작했다.

이 법칙은 프랑스의 과학자 쿨롱이 뉴턴(Isaac Newton, 1642~1727)의 만유인력의 법칙에서 힌트를 얻어 발견한 것이다. 이 법칙에 따르면 양전하와 음전하가 서로 끌어당기는 힘은 두 전하의 전하량의 곱에 비례하고 거리의 제곱에 반비례한다.

선생님은 그녀와 청년이 서로 지니고 있는 사랑하는 마음에 해당하는 양을, 음전하와 양전하의 양에 대응시켜 얘기를 진행하려는 것이었다.

애초, 두 사람의 사랑이 싹텄을 무렵엔 두 사람의 집이 비교적 가까웠기 때문에 사랑하는 마음의 양이 그리 많지 않았었더라도 흡인력이 컸다. 그러나 두 사람의 거리가 전의 1,000배 이상이나 멀리 떨어진 지금은 두 사람의 흡인력이 거리의 제곱

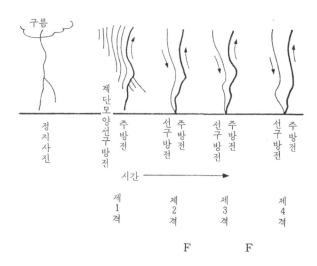

구름

계단모양선구방전

정지사진

주방전

선구방전
주방전

선구방전
주방전

선구방전
주방전

시간

제1격

제2격

제3격

제4격

F　　F

〈그림 2-2〉 회전 사진기에 의한 뇌(雷)방전 사진

에 반비례해서 이전의 100만 분의 1 이하로 되는 것이다. 그러므로 두 사람의 흡인력을 이전 상태로 되돌려 놓으려면 사랑하는 마음의 양을 100만 배로 해야 한다고 말했다.

다행히도 현대는 일렉트로닉스 시대이다. 그의 사랑하는 마음을 증대시키기 위해서는 우선 전화를 이용하는 것이 제일 좋은 방법이다. 이 전화도 물론 내가 주역인데 두 사람의 사랑이 열매를 맺기 위한 것이라면 밤낮을 가리지 않고 또 비밀을 지켜가면서 일하는 것은 당연한 일이다.

잠자코 선생님의 말씀을 듣고 있던 그녀도 차츰 용기를 얻었다. 이야기가 끝날 무렵에는 열차도 K시에 도착했다.

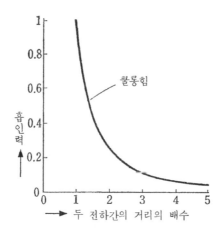

〈그림 2-3〉두 전하 간의 거리와 흡인력의 관계

전류의 발견

번개 현상을 비롯하여 모든 전기 현상은 우리의 행동으로 인해 일어난다. 내가 이동하는 것이나 전류가 흐르는 것과 같은 일이다.

1791년, 이탈리아의 생물학자 갈바니(Luigi Galvani, 1737~1798)는 개구리를 해부하다가 개구리의 뒷다리가 주위에서 일어난 불꽃 방전에 동기(同期)하여 수축 운동을 하는 현상을 알아챘다. 이것이 전류를 발견한 순간이다. 그리고 그 결과로 개구리의 근육 운동과 전기현상의 관계가 밝혀지게 되었는데, 이는 인간의 여러 가지 기능을 관장하는 신경전류(神經電流)를 해명하는 실마리가 되었다.

그러나 그 당시, 전류의 주체가 무엇인지 분명하지 않아서 전류를 갈바니 전기라고 부르게 되었다.

얼마 후 영국의 패러데이가 전기분해의 연구를 체계화함에 이르러 전류를 정의할 필요가 생겼다. 그래서 양전하를 갖는 양이온이 흐르는 방향(즉, 내가 흐르는 방향과는 반대 방향)을 전류의 방향으로 정했던 것이다.

이 전류의 명명으로 내게는 난처한 일이 생겼다. 그것은 패러데이와 고향이 같은 과학자 맥스웰(James Clerk Maxwell, 1831~1879)이 패러데이의 생각에 기초하여 전기자기현상(電氣磁氣現象)을 통일하는 학문 체계를 확립했기 때문이다. 1873년의 일이다. 난처한 점은 전기자기현상이 나의 행동에 의해서 일어나고 있는데도, 이 이론은 나의 흐름과는 반대 방향으로 흐르는 전류를 기초로 해서 확립되었기 때문이다. 즉 내가 발견되었을 때(1897년)는 이미 때가 늦었던 것이다. 전 세계에서 이용되는 전기에 관한 책을 이제 와서 새삼스럽게 고쳐 쓸 수도 없는 일이고, 또 고쳐 쓴다고 해서 새로운 전기현상이 생길 것 같지 않았다. 그래서 나도 이 불운한 입장을 용인하기로 했다.

전지와 전기분해

1799년, 이탈리아의 볼타(Alessandro Volta, 1745~1827)가 전지를 발견했다. 이것을 처음으로 응용한 사람은 영국의 카라일(Anthony Carlyle, 1769~1840)이다. 카라일은 물속에 두 가닥의 철사를 담가 놓고, 이것에 볼타의 전지를 접속하여 전류를 흘려보냈다. 그리고 한쪽 철사에는 수소 기체가, 다른 한쪽 철사에는 산소 기체가 발생하는 현상을 발견했다. 이것이 물의 전기분해를 관측한 최초의 실험이었다.

그 후, 영국의 데이비(Humphry Davy, 1778~1829)는 전기분해로 인해 생긴 수소가 음전극 쪽의 금속 면에 흡인되고, 양전극 쪽의 금속 면으로부터는 반발된다는 것을 발견했다. 데이비의 제자인 패러데이는 데이비의 연구를 더욱 발전시켜 전기분해에 의해서 생기는 기체 분자의 석출량(析出量)과 전기량의 관계를 밝혔다.

전기분해라는 것은 원자의 최외각(最外殼)에 살고 있는 나와, 같은 분자를 구성하고 있는 다른 원자의 최외각에 살고 있는 동료가, 서로 손을 맞잡고 결합해 있는 상태를 분리하는 것을 말한다. 한편 나는 동료와 쿨롱 힘으로서 서로 반발하고 있으므로, 분해와 재결합현상은 액체의 내부에서 일어나는 현상이지 전극과 액체의 계면(界面)만의 현상은 아니다. 이 연구가 물질의 화학적 결합력과 전기적 결합력을 융합시킨 최초였다.

패러데이는 이 현상들을 통일적으로 설명하기 위해 양이온과 음이온을 정의하고, 양이온이 흐르는 방향을 전류의 방향으로 정하는 동시에 양전하(양이온이라고 부른다)가 출발하는 쪽의 전극을 양극, 그리고 음전하(음이온이라고 부른다)가 출발하는 쪽의 전극을 음극이라고 명명했다.

전기는 에너지인가?

현대의 인간 사회를 정보 시대 혹은 에너지 시대라고 부른다. 에너지란 인간의 눈으로는 볼 수 없고 또 몸으로 느낄 수도 없는 잠재적인 양이다. 인간이 어떤 일을 하려 할 때 인간을 대신해서 일을 하는 능력을 가진 양이 에너지이다. 에너지는 일 자체가 아니다. 한마디로 말해서 에너지란 「일을 하는 능력이다」라고 정의할 수 있다.

이를테면 한 사람의 인간이 얼만큼의 에너지를 가졌냐는 질문을 받아도, 그 인간은 대답할 수가 없다. 일이라고 하는 양은 물체에 힘이 작용했을 때, 그 힘과 물체가 이동한 거리의 곱으로 나타낸다. 즉 에너지를 소모하며 일을 했을 때 그 일과 같은 양의 에너지가 존재해 있었다고 말할 수 있다.

1765년, 영국의 와트(James Watt, 1736~1819)는 석탄을 연소시켜 증기를 발생시키는 메커니즘을 응용하여 증기기관을 발명했다. 이것은 석탄이 가지고 있는 에너지(1g당 6,000~7,000cal)가 연소를 통해 열에너지로 변환되어 물을 증발시키고, 다시 수증기의 운동에너지로 변환되어 최종적으로는 주전자의 뚜껑을 상하로 운동하게 하는 것과 같은 일로 변환되는 것이다. 즉 석탄의 내부에 일과 같은 값의 에너지가 존재해 있었다는 것이 된다.

전기가 에너지의 일종이라고 처음으로 말한 사람은 영국의 화학자 줄(James Prescott Joule, 1818~1889)이다. 그는 8장의 날개가 달린 바람개비를 물속에 담그고, 그 회전축을 전동기에 직결했다. 그리고 전류를 통해서 바람개비를 회전시켰더니 물의 온도가 상승하는 사실을 발견했다. 물의 양과 물의 온도상승으로부터 1g의 물을 1℃만큼 상승시키는데 필요한 전기량[일당량(當量)이라고 부른다]이 밝혀졌다. 그 결과 전기는 에너지의 일종이라는 것이 증명되었다. 1840년의 일이다.

1840년에 줄이 전기에너지를 발견하면서 그때까지 확립되어 있던 에너지 보존 법칙에는 역학적(力學的) 운동에너지, 역학적 위치에너지, 열에너지 외에 전기에너지가 추가되었다. 그 결과로 에너지의 보존 법칙이 전기 분야에까지 확장되었다.

일을 하는 능력이 에너지라고 한다면 힘이 존재한다는 것은 에너지의 존재를 암시하는 것이 된다. 따라서 쿨롱 힘이 미치는 범위에는 일을 하는 능력인 에너지(靜電에너지)가 존재하고 있다고 말할 수 있다. 이는 처음에 패러데이에 의해서 예언되고, 그 후 영국의 맥스웰에 의해서 증명되었다.

앞에서 에너지의 존재는 힘의 존재를 통해 증명할 수 있다고 말했는데, 전기의 양인 전류가 힘을 발생시킨다는 현상을 최초로 발견한 사람은 프랑스의 물리학자 앙페르(Andre Marie Ampere, 1775~1836)이다.

앙페르는 두 가닥의 길쭉한 도선을 평행으로 하고 이것에 전류를 통하게 함으로써, 도선 간에 힘이 발생하는 현상을 발견했다. 또한 전류의 방향이 동일하면 흡인하고, 반대이면 반발한다는 것도 밝혀냈다. 그 힘은 두 도선을 흐르는 전류의 크기의 곱에 비례하고, 거리의 크기에 반비례한다는 것도 알았다. 그 후 인간은 이 생각에 기초하여 전동기를 발명했다.

맥스웰과 나

맥스웰은 1831년, 영국의 북부 스코틀랜드에서 태어났다. 그 당시 그와 고향이 같은 패러데이는 이미 화학자이자 물리학자로서 세계적인 유명한 존재가 되어 있었다. 맥스웰은 패러데이를 매우 존경했고, 패러데이가 제안한 전기에 관한 문제를 이론적으로 증명하려고 힘썼다. 이와 관련하여 패러데이관(管)이 있다. 패러데이는 양전기와 음전기가 흡인하는 작용의 근본은 두 전하 사이에 무언가가 존재하고, 그것이 에너지에 대응하는 양이라고 생각하고 있었던 것 같다. 그리고 이 에너지는 단위 에너지의 튜브(판)의 집합이라고 생각하고, 이 하나의 튜브를 패러데이관이라고 불렀다. 이것은 후에 맥스웰에 의해 이론적으로 증명되었다. 패러데이관 속에 존재하는 에너지는 쿨롱 힘에 바탕을 둔 에너지인데, 전하가 이동하지 않는 상태에서 존재하는 에너지이다. 즉 쿨롱 힘이 작용하고 있는 곳의 에너지인 것이다. 그 후 이 에너지는 정전(靜電)에너지라고 불리게 되었다.

맥스웰은 덴마크의 물리학자 에르스테드(Hans Christian Oersted, 1777~1851)에 의해서 발견된 전류와 자기의 관계 및 프랑스의 앙페르가 발견한 전기역학(電氣力學)에 기초하여 전자기장(電磁氣場)에 분포해 있는 에너지를 통일적으로 통합하고, 정전기에너지와 마찬가지로 자기(磁氣)에너지가 존재한다는 것을 증명했다. 그는 또 전자기파(電磁氣波)의 존재를 이론적으로 예언했다.

맥스웰의 전자기파의 전파방정식(傳播方程式)을 조사해 보면 전자기파는 정전에너지와 자기에너지와 열에너지의 합으로 이루어져 있다. 또한 이 에너지는 전극 근처 전자기파만 아니라 모든 공간에 분포해 있다는 것도 밝혀졌다. 맥스웰의 예언은 그로부터 15년 후인 1888년에 독일의 물리학자 헤르츠(Heivrich Rudolf Hertz, 1857~1894)에 의해서 실증되었다.

그런데 맥스웰의 이론에 따르면 내가 도선 속을 이동하는 현상은 내가 전자기파의 에너지를 한 가닥의 도선 속에서 운반하고 있는 것이라고 말할 수 있다. 그렇게 해석하면 전기공학(電氣工學)에서 다루고 있는 전기 회로의 문제는 모두 전자기파의 전파이론(傳播理論)을 따라 설명할 수 있다. 이 생각은 이윽고 컴퓨터를 사용한 시뮬레이션(simulation)의 세계로 발전해 나갔다.

분극현상과 나

패러데이관 속에 전기에너지가 보존되어 있다는 것을 이론적
으로 증명한 맥스웰은 그 후 이 에너지가 물질 속에 어떤 형태
로 축적되어 있는가를 검토했다. 그리하여 두 전극 사이에 절
연물을 삽입했을 때 전기에너지가 물질의 탄성(彈性)에너지
(strain energy)로서 축적될 수 있다는 것을 제안했다.

이 경우 물질에 축적되는 에너지는 물질의 종류에 따라서 달
라진다. 그리고 같은 전극 배치에서 전극 사이가 진공 상태로
축적되는 에너지의 양을 1로 하여, 어떤 물질에 축적되는 에너
지양과의 비를 비유전율이라고 부른다. 즉 물의 비유전율이 80
이라고 하는 것은 전극 사이에 물을 넣었을 때와 물을 배제하
고 진공으로 했을 때의 축적 에너지의 비가 80:1이라는 것이
다. 비유전율이 크다는 것은 전자기파가 투과하기 힘들거나 에
너지가 축적되기 쉽다는 것을 의미한다.

내가 발견되고서부터 물질을 구성하는 원자 및 분자의 구조
와 나와의 관계가 밝혀졌다. 그 결과, 우리가 원자 속에 살고
있을 때 양성자와 상대적인 위치 변화에 의해서도 에너지가 축
적된다는 것이 밝혀졌다.

지금 내가 단독으로 있는 수소 원자 한 개가 두 전극 사이에
정지해 있다고 하자. 전극 사이에 직류 전압을 가했다고 하면
수소 원자 안에 살고 있는 나는 양극 쪽으로 끌어당겨진다. 이
것에 대해 양성자는 양전하를 가지므로 약간 음극 쪽으로 변위
(變位)해서 존재하게 된다. 즉 수소 원자의 내부에서는 양성자가
존재하는 양전하의 중심과 음전하인 내가 존재하는 중심이 다
소 처지게 된다. 이와 같이 전하가 떨어져서 안정되어 있는 상

태를 분극(分極)이라 부르고 있다. 특히 질량이 가벼운 내가 변위한 분극은 「전자 분극」이라고 불린다. 본래 나는 양성자와 쿨롱 힘으로 서로 끌어당기고 있는데, 이 힘에 대항해서 우리를 떼어 놓는 것이므로 그 일을 담당한 에너지는 외부에서 주어진 것이 된다. 그 에너지(정전에너지)가 탄성에너지로 되어 원자 안에 축적되는 것이다.

정전에너지가 축적되는 장치는 콘덴서(condenser)라고 부른다. 두 전극 사이에 공기가 꽉 채워져 있을 때의 콘덴서를 공기 콘덴서, 물이 채워져 있는 것을 물 콘덴서, 그리고 절연유(絡緣油)가 채워져 있는 것은 기름 콘덴서라고 한다. 비유전율이 큰 물질이 삽입된 콘덴서일수록 축적되는 정전에너지(탄성에너지)가 크다.

비유전율이 큰 물질이라는 것은 어떤 분자 구조로 되어 있을까? 비유전율이 크다는 것은 탄성에너지로서 큰 에너지가 축적될 수 있다는 것이다. 즉 외부로부터 전계(단위 길이당 전위차=전극 사이의 전압을 거리로 나눈 값)가 가해지더라도 간단히 분자가 분해되지 않고 분극이라는 형태로 변형되어 가면서 전계의 힘에 견뎌낼 만한 구조라고 할 수 있다.

이를테면 물 분자는 산소를 중심으로 〈그림 7-5〉처럼 104.5도의 각도를 이루어서 두 개의 수소가 결합해 있다. 더구나 산소는 음전하의 성질이 강하고, 수소는 양전하의 성질이 강하므로 외부로부터 전계를 가해주지 않더라도 분극한 것과 같은 상태로 존재하고 있다. 이와 같은 물질을 쌍극성분자(雙極性分子)라고 부른다.

물 분자는 물속에서 난잡하게 분포해 있기 때문에, 전체로서는 중성을 가장하고 있지만, 외부로부터 전계가 가해지면 모든 쌍극자분자는 외부의 전계를 약화시키듯이 배열된다. 즉 자석 속의 작은 자석이 N극이나 S극의 방향으로 향하도록 산소는 양극 쪽으로 그리고 수소는 음극 쪽으로 향한다. 그 경우, 물 분자는 회전 운동을 하면서 분포하는 것이므로 전계 방향으로 배열이 완료될 때까지는 시간이 걸린다. 이와 같은 분극을 쌍극자분극(雙極子分極)이라고 한다.

분자의 회전 운동에 의해서 축적되는 에너지는 전자 분극의 경우보다 크므로, 물 콘덴서는 많은 정전에너지가 축적되는 것이다.

그런데 여기에 재미있는 현상이 있다. 콘덴서의 전극 양단에 교류 전압을 가하여 전극 사이에 축적되는 에너지를 조사해 보면, 교류 전압의 주파수가 높아지면 축적되는 에너지가 감소하는 것이다. 특히 주파수가 빛의 주파수 가까이 되면 축적 가능한 에너지는 상용(商用) 주파수일 때의 1/40로 된다. 이것은 비유전율의 값이 80에서 1.26으로 감소하고 있다는 것을 의미한다.

그런데 빛은 전자기파이므로 라디오의 전자기파도 물속을 가시광선처럼 투과할 수 있는가 하면 그렇지 않다. 에너지가 흡수되기 때문에 통과할 수 없게 되는 것이다. 즉 전자기파가 가해졌을 때 물에 축적되는 에너지가 가시광선의 경우보다 커지게 된다. 그 때문에 가시광선보다 낮은 주파수인 전자기파의 경우 비유전율이 커지는 것이다. 즉 비유전율은 콘덴서에 가해지는 전자기파의 파장에 따라서 달라진다.

물의 경우 가시광선에 대한 비유전율이 2~3인 데 비해, 주파수가 더 높은 X선이라든가 감마(γ)선이 되면 비유전율은 1이

된다. 즉 진공 속을 빛이 전파하는 현상과 마찬가지가 된다. 이
것은 전자분극현상이 감마선의 진동수를 따라갈 수 없게 되기
때문이다.

제3장 나와 자석

나를 아찔하게 한 자석

나는 자석이라면 아주 질색이다. 그것은 톰슨이 나를 발견했을 때도 내가 자계(磁界) 속을 치닫게 하여 몇 번이나 온 세상이 뱅글뱅글 돌아가는 현기증을 맛보게 했기 때문이다.

자석이 물질을 흡인하는 작용은 2000여 년 전부터 알려져 있었고, 그 당시 자석은 마법의 돌이라고 불렸다. 자석에 의한 자기작용(磁氣作用)이 학자들의 세계에서 주목을 받게 된 것은 그리스의 과학이 시작되는 7세기경이다.

자석이 철과 같은 금속을 흡인하는 현상을 통틀어서 자기현상(磁氣現象)이라고 부르는데, 자석은 흡철작용(吸鐵作用) 외에도 지향성(指向性)을 가졌다는 특징이 있다. 인간이 자석의 지향성을 이용하게 된 것은 11~12세기의 일이며, 13세기 말경에는 자석을 가공하여 자기나침의(磁氣羅針儀)를 만들어 항해에 이용했다. 이는 자침이 북극성의 방향을 가리킨다는 것을 알고 있었기 때문이다.

그로부터 약 400년이 지난 17세기 초에 영국의 의학자 길버트(William Schwenck Gilbert, 1540~1603)는 천연 자석을 가공하여 지구의 모형을 시험적으로 만들었다. 그리고 그 표면 위에 작은 자침을 둠으로써 자침이 북극 방향을 가리키는 것을 실증했다. 또 자석이 N극과 S극으로써 성립되고, 같은 극끼리는 반발하고 다른 극끼리는 흡인하는 현상도 밝혀졌다.

재미있게도 자석은 철뿐만 아니라 어떤 종류의 금속이라도 흡인할 수 있을 것 같지만 사실은 금속에 따라서 좋아하고 싫어하는 차이가 있다.

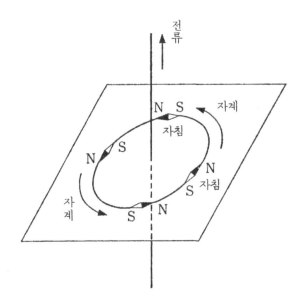

〈그림 3-1〉 전류와 자계의 관계(에르스테드의 실험)

에르스테드와의 만남

내가 자기현상과 관계가 있다는 것을 실험적으로 증명한 사람은 덴마크의 과학자 에르스테드이다. 이는 1820년의 일인데 곧고 가늘며 긴 도선에 전류를 통하는, 즉 내가 직선 운동을 하면 도선을 중심으로 동심원(同心圓) 모양으로 자기장이 발생하는 현상을 발견했을 때의 일이다.

〈그림 3-1〉과 같은 판판한 한 장의 종이 뒤쪽에서 몸쪽으로 가느다란 도선을 통하고, 종이 위에 작은 자침을 몇 개 아무렇게 흩뜨려 놓은 뒤 도선에 직류 전류를 통하면 종이 위의 자침은 도선을 중심으로 동심원 모양으로 배열된다. 이것이 나와 자기현상을 결부시킨 귀중한 실험이었다.

앙페르와의 만남

1822년에 프랑스의 물리학자 앙페르는 두 가닥의 가늘고 긴 도선 사이를 조금 떼어서 평행으로 두고, 두 도선에 같은 방향의 전류를 흘려보냈더니 서로 끌어당기는 현상을 발견했다. 이 것은 힘과 전류의 관계를 결부시키는 매우 귀중한 실험이다. 더구나 도선이 서로 끌어당기는 힘이 역학적인 힘과 동등하다는 것으로부터 전기의 양인 전류가 역학적인 양에 결부된다는 것이 증명되었다.

〈그림 3-2〉와 같이 두 가닥의 가늘고 긴 도선을 1m쯤 떼어서 평행으로 두고, 두 도선에 같은 크기의 전류를 같은 방향으로 흘려보낸다고 하자. 도선 1m당 1000만 분의 2뉴턴(N)의 흡인력이 발생했을 때 흘러간 전류의 크기를 1암페어(A)로 정했다.

이 전류의 단위가 기준이 되어서 모든 전기의 단위가 정해졌다. 이를테면 1암페어의 전류가 1초 동안 흘렀을 때 전하의 양을 1쿨롱(C)으로 정했다. 1쿨롱은 나의 동료가 6.24×10^{18}개 모였을 때의 총 전하량과 같다.

전압과 전하량의 곱이 에너지와 같으므로 전압의 단위는 에너지의 단위인 줄(J)을 전하의 양 단위인 쿨롱으로 나눈 단위(J/C)가 되는 것이다. 또 전기의 저항은 옴(Georg Simon Ohm, 1787~1854)의 법칙으로부터 전압을 전류로 나눈 양[(J/C)/A]이 된다. 이렇게 표현하면 전기의 양은 모두 역학적인 양인 길이(미터=m), 질량(킬로그램=kg), 시간(초=s) 및 전류(암페어=A)를 사용해서 나타낼 수가 있다. 이렇게 해서 만들어진 단위계(單位系)는 MKSA 단위계라 불리고 있다. 이 단위계는 이론적이지만

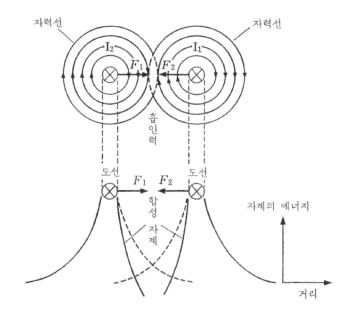

〈그림 3-2〉 전류에 의한 흡인력

일상생활에 사용하는 데는 적합하지 않다. 그래서 전압은 볼트 (V), 저항은 옴(Ω)으로 편리한 실용 단위가 쓰이게 되었다. 〈그림 3-3〉은 그것의 대표적인 예를 나타낸 것이다.

그렇다면 두 가닥의 도선에 전류가 흘렀을 때, 어째서 흡인력이 작용할까라는 의문이 생긴다. 지금 내가 한 가닥의 도선을 통과했다고 하면 그 도선으로부터 동심원 모양으로 자계가 발생한다. 다른 도선의 한 점에 주목해서 거기에 미친 자계를 관찰하면, 그 점에서의 자계는 이 도선의 상하에 한 쌍의 자석을 두어서도 만들 수가 있다. 이 작은 자석에 의해서 생기는 자계 속을 내가 이동하면 내가 발견되었을 때와 마찬가지로 진

〈그림 3-3〉 MKSA 단위계의 구성

기본 단위 기호: L=길이(미터), M=질량(kg), S=시간(초), A=전류(암페어)

양	MKSA 단위 명칭	MKSA 단위 기호
전압	볼트	V
전류	암페어	A
전기량	쿨롱	C
저항	옴	Ω
인덕턴트	헨리	H
자속	베버	Wb
자속밀도	테슬라	T
전계의 세기		V/m
기자력	암페어 턴	AT
자계의 세기		A/m
에너지	줄	J
힘	뉴턴	N

행 방향이 구부러진다.

그렇다면 내가 가늘고 긴 도선 속을 이동했을 때도 같은 곡률(曲率)의 힘이 발생할까? 물론 내가 이동하는 도선이 그 내부까지 자계를 통과시키지 않는 물질이라고 한다면 이야기는 그것으로 끝이다. 그러나 다행히도 구리로 만들어진 도선을 비롯하여 거의 모든 금속 도선은 그 내부까지 자계가 통한다. 그 결과 도선 속을 흐르고 있는 내게 힘이 가해지는 것인데 그 힘의 방향은 도선과 직교해 있다.

코일과 자석

내가 가늘고 긴 직선 모양의 도선 속을 흐르면 그 주위에 동심원 모양의 자계가 생긴다는 것이 밝혀졌는데, 그렇다면 내가 가늘고 긴 원형 도선 속을 흘렀을 경우에는 자계가 어떻게 될까? 일반적으로 자계의 방향은 자계 속에 작은 자침을 두었을 때 N극이 향하는 방향으로 정해져 있다.

내가 흐르는 방향이 전류의 방향과 정반대라는 것은 이미 제 2장에서 말한 그대로이지만, 이 전류와 자계의 관계는 다음과 같다. 지금 오른나사의 진행 방향으로 전류가 흘렀다고 하면 나사가 회전하는 방향에 자계가 발생한다. 이것은 앙페르의 「오른나사의 법칙」이라고 한다.

가령 원형 선륜이 종이 면과 평행으로 놓여 있다고 하자. 이 원형 선륜에 전류가 반(反)시계 방향으로 흘렀다고 하면, 앙페르의 오른나사의 법칙에 의해서 자계는 종이 면의 뒤쪽에서 앞쪽으로 발생한다. 그런데 전류가 종이 면에 수직으로 흐를 경우, 그 방향은 종이 면의 앞쪽에서 뒤쪽으로 향할 때는 화살표의 화살이 종이 면의 앞쪽에서 뒤쪽으로 향할 때의 형태로부터 〈그림 3-2〉에 보인 것과 같이 ⊗표를 사용해서 나타낸다. 그 반대인 경우에는 화살의 앞 끝을 가리키는 ◎표를 사용해서 나타낸다.

이와 같은 원형 선륜이 동일 축 위에 많이 포개어지고, 각각에 같은 크기의 전류가 같은 방향으로 흐르는 구조로 되어 있는 선륜군(線輪群)을 코일(coil)이라 한다. 〈그림 3-4〉는 그것의 개요도이다.

그림과 같이 전류가 반시계 방향으로 흐르면 앙페르의 오른나사의 법칙에 따라 코일의 왼쪽에서 오른쪽으로 향하는 자계가 발생한다. 거기서 코일의 오른쪽에 자유로이 회전할 수 있는 작은 자침을 두면 S극은 코일의 방향을 가리키고 N극은 반

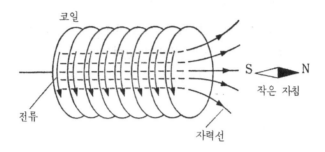

코일

전류

작은 자침

자력선

〈그림 3-4〉 코일 진류와 작은 자침

대쪽을 향한다. 코일에 흐르는 전류의 방향을 역전시키면 작은 지침은 180도를 회전해서 N극은 코일 쪽을, 그리고 S극은 코일과 반대쪽을 향한다.

코일 대신에 코일과 같은 자계의 세기를 가진 자석을 두면 〈그림 3-5〉와 같이 자석의 N극 쪽에 작은 자침의 S극이, 그리고 S극 쪽에는 작은 자침의 N극이 향한다. 즉 코일은 자석과 같은 작용을 하고 있는 것이다. 더구나 코일이 작은 자침을 끌어당기는 힘은 코일에 흐르는 전류가 일정하다면 겹쳐진 코일의 수가 많을수록 세진다. 또 코일을 감는 수가 일정하다면 전류가 커질수록 세진다. 원형 코일이 자석과 같은 값의 작용을 한다는 것에서 한 통의 코일을 등가판자석(等價板磁石)이라고 부르기도 한다.

분자 전류와 나

원형 선륜 속으로 전류가 흘렀을 때 그 선륜이 자석과 같은 작용을 한다는 것이 밝혀졌지만, 자석의 N극과 S극의 단면적을 절반으로 하면 자석이 철을 끌어당기는 힘은 절반이 된다. 면

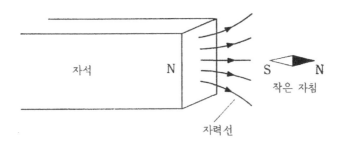

〈그림 3-5〉 자석과 작은 자침

적이 1/4이 되면 그 힘은 1/4로 감소한다.

그렇다면 코일에서도 마찬가지로 생각할 수 있을까? 지금 〈그림 3-6〉과 같이 원형 선륜의 중심을 통과하는 지름의 위치에 가느다란 도선을 놓고 그 끝을 선륜에 결부했다고 하자. 분할된 개개의 작은 선륜에 크기가 같은 전류를 반시계 방향으로 통과시키면 두 선륜에 의해서 형성되는 자계의 세기는 각각 원형 선륜의 경우와 일치하게 된다. 이 경우, 중앙에 놓은 도선을 흐르는 전류는 오른쪽 절반을 흐르는 전류와 왼쪽 절반을 흐르는 전류가 크기는 같고 방향은 반대이므로 흐르지 않는 것과 같은 결과가 된다. 이것이 옳다면 큰 선륜을 〈그림 3-7〉과 같이 수많은 가느다란 선으로 분할하더라도 마찬가지로 생각할 수 있을까? 다만 작은 선륜에 같은 크기의 전류를 반시계 방향으로 통하는 것으로 한다.

이 경우에도 큰 선륜 안쪽의 각 도선에 흐르는 전류는 서로 상쇄되기 때문에 흐르지 않는 것이 된다. 따라서 개개의 작은 선륜에 의한 자계의 세기를 전체 면적에 대해서 모은 것이 큰 선륜에 같은 크기의 전류를 흘렸을 때 얻어지는 자계의 세기와

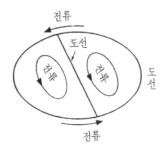

〈그림 3-6〉 분할 전류와 자계

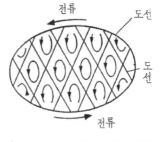

〈그림 3-7〉 분자 전류와 자계

일치한다. 즉 분할된 선륜 하나하나가 작은 자석으로 되어 있다는 것이다. 이처럼 분자와 같이 작은 자석을 만드는데 필요한 전류를 앙페르는 분자전류(分子電流)라고 불렀다.

나의 자전 운동과 자기

전류의 근원인 내가 선륜을 통과함으로써 자석과 같은 작용을 일으킨다는 것이 밝혀지자 자석 속에도 N극과 S극이 생기는 원(圓)전류가 흐르고 있을 것이 틀림없다고 생각한 학자가 나타났다. 그가 바로 보어(Niels Henrik David Bohr, 1885~1926)이다.

보어는 내가 원자 속에서 안정되게 살고 있으려면 양성자 주위를 회전 운동하고 있을 필요가 있다고 생각했다. 이 경우, 외부로부터 에너지가 주어지지 않으면 원자 안의 나는 궤도를 영구히 계속 운동해야 한다. 나의 회전 운동은 원전류가 흐른 것과 같으므로 보어는 원전류가 자석과 같은 작용을 해도 되지 않겠는가 하고 생각한 것이다. 그 후 궤도전류(軌道電流)에 의한

등가판자석은 보어 마그네톤(Bohr magneton: 磁子)이라 불리게
되었다.

1924년, 스위스의 물리학자 파울리(Wolfgang Pauli, 1900~
1958)는 지구가 자전을 하면서 태양 주위를 돌고 있듯이 내가
자전을 하면서 원자핵 주위를 회전하고 있는 메커니즘을 발표
했다. 그 후, 나의 자전 운동에 따라서도 자성(磁性)이 나타난다
고 생각하게 되었다. 나의 자전에 의한 자성의 존재는 1928년
에 디랙에 의해서 이론적으로 증명되었다.

그런데 내가 원자핵 주위를 회전하고 있는 궤도 전류에 의한
자계의 세기는 나의 자전에 의한 자계의 세기보다 훨씬 커진다
고 알려져 있었다. 그것은 내가 자전하는 반경(나의 반지름)이
나의 공전 궤도 반경보다 훨씬 작기 때문이다.

그런데 과학자의 연구와 노력의 결과로 나의 자전에 의한 자
계의 값이 궤도 위의 공전 운동에 의한 자계보다도 훨씬 크다
는 것이 밝혀졌다. 이 모순을 어떻게 생각해야 할까? 애당초
내가 골프공과 같은 형태를 하고 있고, 전하가 한결같이 분포
해 있다고 한다면 내가 자전을 한들 원전류가 흐르는 것으로는
되지 않을 것이다. 나의 자전에 의해서 자성이 생긴다고 생각
하는 것이 현대 물리학의 입장에서 볼 때 반드시 옳은 모델이
라고는 말할 수 없는 것이다. 그것을 자전에 의한 자성의 발생
으로써 설명하려 한 것이 모순의 근원이 되었던 것이다. 그러
나 그것은 그렇다고 치더라도 현재 내가 주어진 전하를 가지고
자전하고 있기 때문에 자성이 생긴다고 하는 고전적인 모델로
생각하더라도 큰 모순이 없다는 것도 사실이다. 물론 나의 회
전 반경이 어떻게 되어 있고, 또 회전 속도가 어느 정도냐고

의문을 가져도, 고전적인 모델로는 설명할 수가 없다.

자계의 변화에서 왜 전류가 발생하는가?

1831년, 영국의 패러데이는 자계 속에 가늘고 긴 도선을 두고, 그 도선이 자계의 방향과 직각인 방향으로 움직이면 도선에 전류가 발생하는 현상을 발견했다.

원형 선륜의 중심축 위에 자석을 두고, N극을 선륜 방향으로 접근시키면 선륜에 전류가 흐른다. 또 멀리 떨어져도 전류가 흐른다. 이 경우 선륜에 흐르는 전류의 방향은 N극을 접근시킬 때와 멀리할 때 반대로 된다.

이 선륜의 방향은 매우 간단하게 설명된다. 즉 자석의 N극을 선륜에 접근시키면 선륜 안을 통과하는 자기력선(磁氣力線, 자계의 세기를 나타낸다)의 수가 증가한다. 그러면 증가한 자기력선의 수를 줄이려고 반대 방향의 자기력선이 발생하게끔 선륜에 전류가 흐르는 것이다. 이 경우 발생하는 자계의 방향 및 전류의 방향은 앙페르의 오른손의 법칙으로써 결정된다.

〈그림 3-8〉은 그것의 모형도이다. 자석의 N극이 코일에 접근하면 전류는 시계 방향으로 발생한다. 이 현상에서 선륜에 흐르는 전류는 선륜을 가로지르는 자기력선의 수가 변화하지 않도록 발생한다. 그러므로 자계가 증가하려 하면 반대 방향의 자계를 발생시켜서 증가하는 몫을 줄이는 방향으로 전류가 흐르고, 전기력선의 수가 감소하려 하면 증가하게끔 전류가 흐른다. 우리는 현상 유지를 좋아하고 자계를 싫어하기 때문에, 말하자면 자기방어 수단을 위해서 행동하고 있는 것이다. 이처럼 우리의 자기방어 수단에 따라 결정되는 전류의 방향은 1834년

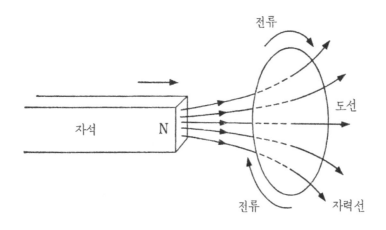

〈그림 3-8〉 자석의 이동과 기전력

에 독일의 물리학자 렌츠(Heinrich Friedrich Emil Lenz, 1804~1865)에 의해서 발견되었다.

이와 같이 자계의 변화에 따라 도선에 전류가 발생하는 현상을 전자기유도현상(電磁氣誘導現象)이라고 한다. 그렇다면 〈그림 3-8〉에 보인 선륜의 일부를 절단한 채로 자석의 N극을 접근시키거나 멀리하면 어떻게 될까? 우리는 자기방어 수단에 의해서 도선의 절단 부분까지 이동한다. 이것이 전압의 발생이 된다.

비쌍전자와 자계

나는 자계를 매우 싫어하는데, 그 자계를 발생시키는 것이 동료들의 자전 운동(spin)에 기인하고 있다는 사실을 안 것은 20세기가 되고서이다.

일반적으로 우리가 원자 속에 살고 있을 때는 동료와 페어

(pair: 雙) 상태가 되어서 한 궤도에 있기를 좋아한다. 그것에 비해 내가 단독으로 살고 있는 수소 원자에서는 나의 자전 운동이 원자의 자기적(磁氣的) 성질로서 나타난다.

그런데 동료가 둘이 살고 있는 헬륨이 될 것 같으면 한 궤도에 쌍을 이룬 상태로서 존재하고, 서로 반대 방향으로 자전하고 있다. 그 때문에 스핀의 방향이 역방향으로 되고, 원자의 자기적 성질이 소멸되는 것이다.

이것에 대해 원자번호 3인 리튬이 될 것 같으면 동료 세 개가 살고 있으므로 그중 두 동료는 쌍이 되어 한 궤도(〈그림 1-4〉에 보인 n=1의 궤도)에 있게 되고, 나머지 한 동료는 외톨이가 되어서 그보다 에너지 준위(準位)가 높은 바깥쪽의 n=2의 궤도에 살게 된다. 이 외톨이로 살고 있는 동료의 자전 운동(스핀)이 리튬을 자성을 지니는 원자로 만들고 있는 것이다.

이와 같이 페어 상태를 만들 수 없는 동료를 가리켜서 쌍이 될 수 없다는 이유에서 비쌍전자(非雙電子)라고 부르기도 한다. 지구에서 안정되어 있는 원자는 수소 원자부터 우라늄까지 92종류이다. 만약에 동료가 에너지 준위가 낮은 궤도부터 순서대로 살고 있다고 한다면 그중 반수의 원자는 비쌍전자로 불리는 동료가 살고 있다는 것이 된다.

그렇다면 비쌍전자라고 불리는 동료가 살고 있는 원자로써 이루어진 물질은 모두 자성을 나타내느냐는 의문이 생긴다.

헬륨, 네온, 아르곤 등의 불활성원자(不活性原子)는 화학 반응을 나타내지 않는 것으로부터 비쌍전자가 존재하지 않는다는 것이 명확하다. 수소 원자는 비쌍전자라 불리는 동료가 살고 있으므로 당연한 일로 자성을 지니고 있다. 그런데 수소 분자가 될 것 같으면 자성이 소멸되어 버리는 것이다. 그것은 두 개의 수소 원자에 따로따로 살고 있던 동료가 쌍이 되어서 두 원자핵 주위를 회전하는 분자 구조로 되기 때문인데 그 편이 에너지 상태가 낮고 안정되기 때문이다. 이때 동료의 자전 방향은 반대가 되어서 서로가 자성을 상쇄하는 것이다. 비쌍전자가 살고 있는 그 밖의 원자가 자성을 지니는 것은 당연한 일이다.

그런데 자석은 금속인 철을 흡인하는 작용과 지향성을 가졌다는 점에 특징이 있다고 말했는데, 흡철작용이 있다면 모든 금속을 흡인하는 작용이 있어도 되지 않겠는가 하는 생각이 든다. 비쌍전자가 살고 있지 않은 원자로 구성되는 물질인 금속은 자성을 갖지 않는다는 것이 이해가 가지만, 비쌍전자로 불리는 동료가 살고 있는 금속 원자—금, 은, 구리 등이 자성을 갖지 않는 것은 어째서일까? 자석을 이들 금속에 접근시키면, 금속 안의 동료는 금속 안에서는 자유로이 움직일 수 없으므로 자위 수단을 위해 와전류(渦電流)로 되어서 움직인다. 이 전류는 가해진 자계를 약화시키는 방향(흡인의 반대로 자석에 반발하는 성질)으로 흐른다. 즉 금속은 반자성(反磁性)의 성질을 가지게 된다(이것이 자성을 갖지 않는 이유의 전부는 아니다).

자기 구역의 발견

우리들의 자전 활동에 의해서 원자가 자성을 가졌다는 것은 밝혀졌지만 물질 중에는 철과 같이 매우 강한 자성을 나타내는 물질과 약한 자성을 나타내는 물질, 또는 전혀 자성을 나타내지 않는 것까지 있다.

본래 물질의 대부분은 원자로써 이루어지는 작은 자석이 매우 난잡하게, 즉 작은 자석의 방향이 제멋대로 무질서하게 분포해 있다. 따라서 설사 개개의 원자가 자성을 지니고 있었다고 하더라도 그것이 집합한 물질이 될 것 같으면 그 난잡성 때문에 전체로서는 자성이 지워지고 만다.

이처럼 자성을 지니고 더구나 난잡하게 분포해 있는 작은 자석이 자계 속에 넣어지면 자계를 지우려는 방향으로 배열되는 것이 있는가 하면 반대로 자계 방향으로 배열되는 것도 있다. 작은 자석이 자계 방향으로 배열하는 물질은 일반적으로 상자성체(常磁性體)라고 불린다. 그러나 자계를 제거하면 시간이 지남에 따라 작은 자석은 열운동에 의해서 본래의 난잡한 상태로 되돌아간다. 이와 같은 자성을 갖는 물질은 영구 자석이 될 수 없다. 이와 달리 외부로부터 자계가 가해지면 외부의 자계를 약화하게끔 배열하는 물질이 있다. 이 물질은 자석이 접근하려 해도 이것을 배척하려는 방향으로 작은 자석이 배열된다. 이와 같은 물질은 반자성체(反磁性體)라고 불린다. 또 전혀 반응을 보이지 않는 물질은 비자성체(非磁性體)라고 한다.

그렇다면 영구 자석은 어떤 구조로 되어 있을까? 영구 자석의 근원이 되는 강자성체가 어떻게 해서 만들어지느냐는 문제에 처음으로 메스를 들이댄 사람이 미국의 물리학자 윌리엄, 호조로스, 쇼클리(William Bradford Shockley, 1910~1989) 세 사람이다. 그들은 작은 자석이라고 불리는 비쌍전자를 갖는 원자가 1,000개나 10,000개가 통일 방향으로 배열된 자기 구역[磁氣區域, 자구(磁區)라고도 한다]이라는 덩어리를 생각했다. 강자성체는 이 자기 구역이 제멋대로의 방향으로 집합해서 구성되어 있다고 한다. 그리고 강자성체에 자계가 가해지면 이 자기 구역의 방향이 가지런해져 영구 자석이 만들어진다. 그 결과, 그때까지 미지의 분야였던 강한 자성을 지닌 물질인 강자성체의 구조가 밝혀지게 되었다.

자기 구역에 관해서는 어떻게 해서 자기 구역이 형성되느냐는 문제와 이 자기 구역이 어떻게 해서 일정 방향으로 향하고 있느냐는 의문이 생긴다. 자기 구역이 물질 내부에 있을 때는 난잡하게 분포해 있기 때문에 전체로서는 자성을 나타내지 않는다. 그러나 자성 물질을 자계 속에 넣으면, 자기 구역이 회전해서 앞에서 말한 상자성체와 마찬가지로 가한 자계와 같은 방향으로 배열한다. 그리고 자기 구역은 일단 한 방향으로 배열되면 강력한 자성을 나타내게 된다. 자기 구역은 큰 분자처럼 존재하기 때문에 외부에서 가해진 자계가 제거되더라도 작은 자석처럼 자성체 안에서 회전 운동을 할 수 없다. 즉 본래의 난잡한 분포 상태로 되돌아가기 어려운 것이다.

만약에 자기 구역의 형성이 그와 같이 강자성의 성질을 갖는 근원으로 되고 있다고 한다면, 작은 자석이 자기 구역으로 발달하는 어떤 이유가 있을 것이 틀림없다. 그 첫째 이유는 작은 자석이 통일 방향으로 배열함으로써 더욱 에너지가 낮은 상태가 형성되기 때문이다. 본래 같은 방향의 스핀을 갖는 두 동료는 동시에 같은 에너지 준위로는 들어갈 수가 없지만, 인접하는 두 개의 작은 자석에 살고 있는 동료일 경우에는 그 두 동료 사이에 작용하는 힘이 서로 끌어당기는 것이다. 동일 방향의 스핀을 갖는 동료끼리 결합해서 보다 안정된 상태가 된다. 마찬가지 메커니즘에 의해서 몇 개의 작은 자석이 병렬(並列)로

62

배열하면 그것에 따라서 자성이 강해지고, 다른 작은 자석 덩어리와 직렬로 연결되어 큰 자기 구역이 형성된다. 마치 작은 조각 자석이 직렬로 수많이 이어져 있는 것과 비슷하다.

일단 자화(磁化)한 자기 구역은 외부의 자계를 제거한 후에도 원상으로는 되돌아가기 어렵다고 말했는데, 이것을 본래대로 자성이 없는 중성 물질로 되돌리려면 어떻게 하면 될까? 그것은 자화한 강자성체를 강한 교류 자계 속에 넣거나 가열함으로써 사성을 소멸시킬 수가 있다. 교류 자계의 방법을 응용한 것이 인간 사회에서 사용되고 있는 테이프 레코더의 자기소거(磁氣消去)이다. 반면 가열하는 방법은 1895년에 프랑스의 피에르 퀴리(Pierre Curie, 1859~1906)에 의해서 밝혀졌다. 즉 퀴리는 자성이 강한 물질인 강자성체라도 물질의 온도를 상승시켜 가면 자기 작용이 소멸되는 한계 온도가 있다는 것을 발견했다. 이 온도는 퀴리 온도라고 불리고 있다. 이를테면 철은 770도이고, 니켈은 260도이다.

그런데 강자성체가 영구 자석이 되거나 반대로 자기가 소멸되거나 할 때 작은 자석의 10,000배나 더 큰 자기 구역이 물질 속에서 정말로 단시간에, 더구나 자유로이 회전할 수 있는 것일까?

자기 구역을 형성하고 있는 작은 자석은 교류 자계가 가해진 짧은 시간 안에 일단 본래의 작은 자석으로 분해되었다가 다시 자계의 방향에 인접하는 작은 자석끼리 서로 결합해서 자기 구역을 형성한다고 생각할 수 있다.

희토류 원소와 자기

비쌍전자를 가진 원자 중에서 특히 자기 구역이 형성되기 쉬운 원소로는 철, 니켈, 코발트, 카드뮴 등이 있다. 일본의 혼다 박사가 발견한 KS강철도 강자성체인 페라이트로 철과 코발트를 주체로 한 합금도 자기 구역이 형성되기 쉽다는 점에서는 마찬가지이다. 거기에 1955년에 희토류 금속(希土類金屬)과 코발트의 합금이 발견되자 강자성체의 특성이 일변되고 말았다.

애당초 희토류 원소란 지구 위에 드물게 있는 원소를 말한다. 희토류 원소는 〈그림 3-9〉에서 보인 주기율표 중에서 원자번호 57의 란타넘(또는 란탄)부터 71의 루테튬에 이르는 란타넘 계열(란타노이드)이라 불리는 원소군과 원자번호 89의 악티늄부터 103의 로렌슘까지 악티늄계열(악티노이드)이라고 불리는 원소군으로 분류된다. 앞의 분류에 속하는 희토류 원소는 안정된 상태로 자연계에 존재하는 데 비해 뒤의 희토류군은 분자량이 크고 방사성 물질이 많다. 특히 앞의 희토류군에 속하는 원자는 원자번호가 다른데도 불구하고 화학적 성질이 매우 닮았다는 것과 강한 자성을 가졌다는 특징이 있다.

원자번호가 증가해도 화학적 성질이 닮았다는 것은 원자 안쪽의 궤도가 가득 차기 전에 동료들이 최외각에 살고 있다는 것이 된다. 이를테면 〈그림 3-10〉처럼 원자번호 57의 란타넘 La는 제일 안쪽 궤도 $n=1$의 K각(殼)에 2개, 두 번째의 궤도 $n=2$의 L각에 8개, $n=3$의 M각에 18개로, 에너지가 낮은 상태부터 차례로 동료가 살고 있다. 나머지 29개의 동료도 $n=4$의 N각에 사는 것이 본래의 모습이다. 그런데 X선을 사용한 실험 결과로부터 $n=5$의 O각에 9개, 그리고 나머지 2개가 $n=6$의 P

족 주기	I a	b	II a	b	III a	b	IV a	b	V a	b
1	수소 $_1$H 1									
2	리듐 $_3$Li 7		베릴륨 $_4$Be 9		붕소 $_5$B 11		탄소 $_6$C 12		질소 $_7$N 14	
3	나트륨 $_{11}$Na 23		마그네슘 $_{12}$Mg 24		알루미늄 $_{13}$Al 27		규소 $_{14}$Si 28		임 $_{15}$P 31	
4	칼륨 $_{19}$K 39	구리 $_{29}$Cu 63.5	칼슘 $_{20}$Ca 40	아연 $_{30}$Zo 65.4	스칸듐 $_{21}$Sc 45	갈륨 $_{31}$Ga 70	티탄 $_{22}$Ti 48	게르마늄 $_{32}$Ge 72.6	바나듐 $_{23}$V 51	비소 $_{33}$As 75
5	루비듐 $_{37}$Rb 85.5	은 $_{47}$Ag 108	스트론튬 $_{38}$Sr 87.6	카드뮴 $_{48}$Cd 112.4	이트륨 $_{39}$Y 88.9	인듐 $_{49}$In 115	지르콘 $_{40}$Zr 91	주석 $_{50}$Sn 119	니오브 $_{41}$Nb 93	안티몬 $_{51}$Sb 122
6	세슘 $_{55}$Cs 133	금 $_{79}$Au 197	바륨 $_{56}$Ba 137	수은 $_{80}$Hg 201	란탄계열 57~71	탈륨 $_{81}$Tl 204	하프늄 $_{72}$Hf 179	납 $_{82}$Pb 207	탄탈 $_{73}$Ta 181	비스무트 $_{83}$Bi 209
7	프란슘 $_{87}$Fr (223)		라듐 $_{88}$Ra (226)		악티늄계열 89~103		104		105	
원소의분류	알칼리금속	(구수소) 족	알칼리토류	아연족 (베릴륨족)	희토류	칼륨 (붕소족) 족	티탄족	탄소족	바나듐족	질소족

란 탄 계 열	란탄 $_{57}$La 139	세륨 $_{58}$Ce 140	프라세 오디뮴 $_{59}$Pr 141	네오 디뮴 $_{60}$Nd 144	프로 메튬 $_{61}$Pm (147)	사마륨 $_{62}$Sm 150.5	유로퓸 $_{63}$Eu 152
악티늄 계 열	악티늄 $_{89}$Ac 227	토륨 $_{90}$Th 232	프로트 악티늄 $_{91}$Pa (231)	우라늄 $_{92}$U 238	넵투늄 $_{93}$Np (237)	플루 토늄 $_{94}$Pu (242)	아메 리슘 $_{95}$Am (243)

(원소기호의 왼쪽 숫자는 원자번호, 아래 숫자는 원자량의 개략적인

VI a	VI b	VII a	VII b	VIII			0
							헬륨 2 He 4
	산소 8 O 16		플루오르 9 F 19				네온 10 Ne 20
	황 16 S 32		염소 17 Cl 35.5				아르곤 18 Ar 40
크롬 24 Cr 52		망간 25 Mn 55		철 26 Fe 56	코발트 27 Co 59	니켈 28 Ni 59	
	셀렌 34 Se 79		브롬 35 Br 80				크립톤 36 Kr 84
몰리브덴 42 Mo 96		테크네튬 43 Tc (99)		루테늄 44 Ru 101	로듐 45 Rh 103	팔라듐 46 Pd 106	
	텔루르 52 Te 1.28		요오드 53 I 127				크세논 54 Xe 131
텅스텐 74 W 184		레늄 75 Re 186		오스뮴 76 Os 190	이리듐 77 Ir 192	백금 78 Pt 195	
	폴로늄 84 Po 210		아스타틴 85 At (210)				라돈 86 Rn (222)
크롬족	산소족	망간족	할로겐족	철족	백금족		영족기체

가돌리늄 64 Gd 157	테르븀 65 Tb 159	디스프로슘 66 Dy 162.5	홀뮴 67 Ho 165	에르븀 68 Er 167	툴륨 69 Tm 169	이테르븀 70 Yb 173	루테튬 71 Lu 175
퀴륨 96 Cm (247)	버클륨 97 Bk (247)	칼리포르늄 98 Cf (251)	아인시타이늄 99 Es (254)	페르뮴 100 Fm (253)	멘델레븀 101 Md (256)	노벨륨 102 No (254)	로렌슘 103 Lw (257)

수, ( )속의 숫자는 가장 안정한 동위원소의 질량수)

〈그림 3-9〉 주기율표

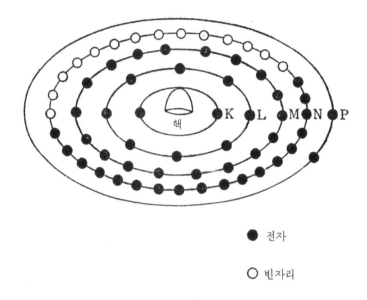

● 전자

○ 빈자리

〈그림 3-10〉 란타넘의 원자 모델 (O각 생략)

각의 6s준위라고 하는 궤도에 살고 있는 것이 밝혀졌다. 이 경우, 최외각인 P각에 살고 있는 동료의 작용에 의해서 원자의 화학적 성질이 결정된다. 이 결과 N각에는 14개의 빈자리가 남아 있게 된다.

원자번호가 란타넘보다 크게 된 원자가 될 것 같으면 동료는 P각에 들어가지 않고 N각의 4f준위라고 하는 궤도에 살게 된다. 이 에너지 준위에 들어가는 동료는 서로 스핀 쌍을 만들지 않기 때문에 희토류 원소는 강자성 물질이 된다. 더구나 P각의 6s준위에 살고 있는 동료의 수는 원자번호가 증가해도 불변이기 때문에 화학적 성질이 닮는 것이다.

〈그림 3-11〉 주 양자수와 명칭, 전자의 존재가 허용되는 궤도는 띄엄띄엄하
며 그 궤도수는 주 양자수 n으로 결정되고, 각각의 궤도에 존
재할 수 있는 전자수는 정해져 있다. 이를테면 n=3의 궤도는
안쪽으로부터 세 번째의 M각이며 총 전자수는 18이다. 「n=3
의 궤도」라고 말하면 세 개의 가장 바깥쪽인 M각을 나타낸다

주양자수 n	1	2	3	4	5	6
명칭	K	L	M	N	O	P
총 전자수	2	8	18	32	54	

모노폴과 쿨롱의 법칙

자석의 N극과 S극이 흡인하는 현상을 학문적으로 통일한 것
은 영국의 길버트로 지금으로부터 약 400년 전인 17세기 초였
다. 그리고 이 현상을 법칙화한 사람이 쿨롱이다.

쿨롱은 처음에 양전기와 음전기가 흡인할 때 그 힘이 두 전
하의 곱에 비례하고, 거리의 제곱에 반비례하는 법칙을 발견했
다. 그 후, 이 법칙을 자기의 현상으로까지 확장했다. 이 법칙
은 만유인력에 관한 법칙에서 힌트를 얻어서 발견한 것인데,
만유인력이나 전기에 관한 쿨롱 힘 모두 두 개의 다른 질량과
두 개의 다른 전하량을 개별적으로 끌어내어 비교할 수가 있었
다.

이것에 관해 자기 작용의 경우는 N극의 자기량과 S극의 자
기량을 따로따로 끌어낼 수 없다. 물론 현재 물리학자가 찾
고 있는 모노폴(monopole: 磁氣單極子)의 존재를 부정할 생각은
없지만 현재로서는 N과 S극을 분리해서 생각할 수 없는 것이
다. 그 때문에 자석이 서로 흡인력을 미칠 경우 그 메커니즘은
전기에 관한 쿨롱 힘의 경우보다 복잡해진다.

〈그림 3-12〉 부 양자수 L과 명칭. 전자의 존재가 허용되는 궤도는 주 양자수로서 나타나는 원 궤도분만이 아니고 부 양자수 L로 나타나는 장원(長圓) 궤도도 있다(장원 궤도는 늘 일정한 평면을 회전하고 있는 것은 아니며, 어느 특별한 각도를 가진 평면만이 허용된다. 이 평면의 수는 자기 양자수 m으로서 나타난다)

부양자수 ℓ	1	2	3	4	5
명칭	s	p	d	f	g

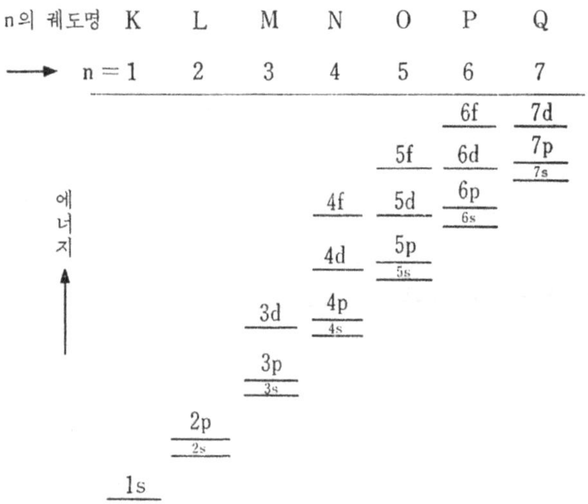

n의 궤도명　K　　L　　M　　N　　O　　P　　Q

⟶　n = 1　　2　　3　　4　　5　　6　　7

〈그림 3-13〉 자기(磁氣) 양자수까지 포함하여 나타낸 원자의 미세 에너지 준위(미세 궤도)

〈그림 3-14〉에 나타낸 것처럼 A, B 두 개의 자석이 있고, 서로 쿨롱 힘으로써 끌어당기고 있다고 하자. 자석 A의 N극 바로 뒤쪽에는 자기의 세기가 같은 S극이 있고, 자석 B의 S극 바로 뒤쪽에는 N극이 있다. 따라서 두 자석 A와 B가 서로 작

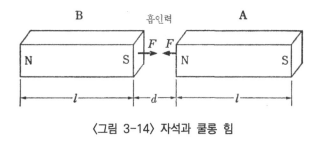

〈그림 3-14〉 자석과 쿨롱 힘

용하는 힘으로는, 거리 d를 떨어져 있는 N극과 S극 사이의 흡인력 외에, 자석 A의 S극과 자석 B의 S극 사이의 반발력, 그리고 자석 A의 N극과 자석 B의 N극과의 반발력 및 자석 A의 S극과 자석 B의 N극 사이의 흡인력이 존재한다. 따라서 자석 A와 자석 B의 흡인력이라는 것은 그것들의 합성력(合成力)이 되는 것이다.

자석 A와 자석 B의 기하학적인 길이 l 이, 자석 A의 N극과 자석 B의 S극의 거리 d보다 충분히 클 때는 앞에서 말한 반발력은 무시할 수 있지만, 자석의 길이 l 이 d와 비교해서 충분히 작아지면 반발력은 무시할 수 없게 되고, 두 자석 사이의 쿨롱 힘은 실증하기가 곤란해진다.

물질 자성의 본질이 나의 스핀 운동으로 결정된다는 것은 일단 설명되었는데, 앞에서 말했듯이 사실 내가 일정한 전하를 가진 작은 입자라는 것을 생각한다면 내가 자전을 한다고 해도 자계는 생기지 않는다. 그런 의미에 있어서 단극(單極)인 마그네톤(磁)이 나와 공존하고 있다고 해도 이상할 것은 없다. 나와 마찬가지로 소립자(素粒子)인 모노폴이 가까운 장래에 발견될지도 모른다. 그때는 내가 왜 전하 1.602×10^{-19}쿨롱을 지니는 입자인지 밝혀질지도 모른다. 그리고 그때야 비로소 나의 크기가 확정될 것이라고 나도 기대하고 있다.

제4장 공기 속의 나

저압 기체 속에서의 나의 활약

내가 발견된 것은 대기압보다 훨씬 낮은 진공이라고 불리는 공기 속을 달려가고 있을 때였다. 그 당시는 언제나 낮은 기압 속에서만 달려가야 했기 때문에 기체 분자와 만날 기회도 적었고, 기체 분자의 존재에 관해서 나는 별로 관심이 없었다. 다만 많은 동료와 함께 달려간 자국이 빛을 내고 있었던 것만은 사실이다.

내가 달려가야 했던 용기라는 것은 주로 투명한 유리관의 내부였다. 진공 상태에서 빛을 내고 있는 유리관의 마개를 조금 열기만 해도 발광현상이 소멸되어 버리는 것이다. 본래 발광현상(發光現象)은 내가 기체 분자와 충돌하는 것에서 일어나는 현상인데, 마개를 열어서 공기 분자가 많아지면 발광현상이 멎게 되는 건 도대체 어떻게 된 일일까?

내가 진공과 같은 낮은 기압의 공기 속을 달려갈 경우, 나는 음전극의 표면으로부터 자유 공간으로 뛰어나간 후 전극 사이에 존재하는 전계를 따라서 양극 방향으로 이동한다.

제1장에서 말했듯이 공기 속에는 산소 분자, 질소 분자가 많아서 나의 이동을 방해하고 있다. 얼마만큼 많은 공기 분자가 있는가 하면 0℃, 1기압에서 한 변이 1cm인 정육면체 속에 2.7×10^{19}개이다. 따라서 내가 대기압의 공기 속을 달려가려고 하면 금방 공기 분자와 충돌하게 된다.

이를테면 지금 가령 내가 전계에서 가속되어 1초 동안에 일본의 도쿄에서 나고야까지* 도달하는 속도가 되었다고 하면 1

---

* 역자 주: 이 거리는 366km로써 한국에서는 경부선을 타고 서울에서 삼랑진 조금 못 미쳐 청도라는 곳을 지난 정도에 해당한다.

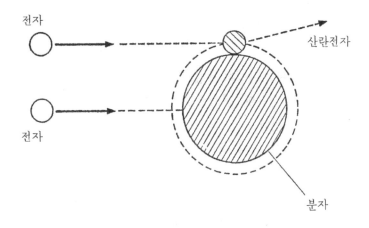

전자

산란전자

전자

분자

〈그림 4-1〉 분자와 전자와의 충돌 단면적

㎝를 진행하는 동안에 30,000번을 충돌하는 것이 된다. 그런 까닭으로 나는 공기 속을 자유로이 이동할 수가 없다. 본래 공기 분자는 인간의 눈으로는 볼 수 없을 만큼 작지만 내가 공기 분자와 만났을 때의 느낌으로는 무척이나 큰 것이었다.

한 공기 분자가 골프공과 같은 구형(球型)이라고 가정한다면 내가 이 분자와 충돌할 때는 〈그림 4-1〉의 점선으로 표시한 원(円)의 범위 안에서 충돌이 일어난다. 이 공간은 전자의 공기 분자에 대한 충돌 단면적(衝突斷面積)이라고 불리고 있다. 나의 크기는 분자의 크기와 비교해서 무시할 수 있을 만큼 작기 때문에 실질적인 충돌 단면적은 분자의 크기와 같아진다.

그런데 내가 공기 분자와 충돌했다고 하면 내가 가지고 있는 운동에너지는 모조리 공기 분자에 흡수되어 버린다. 마치 사과가 지구에 충돌(낙하)할 때, 사과의 운동에너지가 모조리 지구에 흡수되는 현상과 비슷하다.

공기 분자와 충돌한 후 나는 그 에너지를 공기 분자에 준 뒤에 자유로운 몸이 되어, 음극에서 뛰어나갔을 때와 마찬가지로 전계로부터 에너지를 얻어서 다시 속도를 상승시키면서 양극 쪽으로 진행한다. 다행히 나는 지구에서 제일 가벼운 전하를 가진 입자이기 때문에 전계로부터 매우 적은 에너지를 얻기만 하면 고속도가 된다.

한 번 충돌하고 나서 다시 충돌하기까지는 내가 자유로이 이동할 수 있는 거리라는 이유에서 전자의 자유행정(自由行程)이라고 부른다. 과학자는 내가 단독으로 이동했을 때의 자유행정을 구할 수가 없기 때문에 많은 동료와 함께 달려간 거리를 관측하여 그 평균값을 나의 자유행정이라고 말한다.

우리는 언제나 일정한 속도로 달려가고 있는 것은 아니다. 기체의 압력에 따라서 달라진다. 공기 분자의 밀도가 커지는 데 따라서 자유행정이 작아지고 또 분자의 크기가 커지면 역시 작아진다. 많은 동료의 자유행정의 평균값은 평균자유행정(平均自由行程)이라고 불린다. 이와 같은 문제를 해명하는 데 인간은 통계역학(統計力學)을 사용하고 있다.

통계역학은 서로 구별할 수 없는 많은 수의 입자가 구구한 속도와 각양한 방향으로 운동하고 있을 때, 대다수의 입자가 어느 일정한 방향으로 이동하고 있는 것을 수학적으로 구하는 방법이다.

통계역학의 도움을 빌면 공기에 대한 나의 평균자유행정은 공기 분자의 밀도와 공기 분자 한 개의 단면적과의 곱의 역수에 비례하고 있는 것을 안다. 만약에 공기의 압력이 높아지면 나의 평균자유행정은 작아지고, 반대로 압력이 낮아지면 커진다.

대기압에서는 공기의 분자 밀도와 분자 한 개의 단면적으로 부터 나의 평균자유행정은 0.000024㎝가 된다. 즉 10만 분의 2.4㎝를 진행할 때마다 공기 분자와 한 번 충돌하는 셈이다. 이렇게 짧은 거리를 달려가는 동안에 나는 기체 분자를 이온화 하는 데 충분한 에너지를 전계로부터 얻을 수가 있을까?

기체 분자가 이온화한다는 것은 그 기체 분자로부터 동료가 적어도 한 개가 빠져나간 상태를 만드는 일이다. 이 현상은 전 리현상(電離現象)이라고도 한다. 이 이온이 자유 상태에 있는 동 료를 붙잡아서 본래의 중성인 기체 분자가 될 때 빛을 방출하 는 것이다.

형광등 모양을 한 진공으로 되어 있는 세관(細管) 안쪽에 평 판전극(平板電極)이 배치되어 있다고 하자. 전극 사이에 전압 100볼트를 가하고 전극과 전극의 거리를 1m라 한다면 전계는 1㎝당 1V가 된다. 그러므로 나의 평균자유행정에 해당하는 거 리의 전위차(電位差)는 0.000024V이다. 따라서 내가 0.000024 ㎝를 달려가는 동안에 얻는 에너지는 0.000024전자볼트(eV)가 된다. 이 값은 산소 분자, 질소 분자의 전리(電離)에너지 16eV 의 10만 분의 1 이하이다. 따라서 전리 현상도, 그것에 수반하 여 일어나는 발광현상도 일어나지 않는 것이다.

원통세관(円筒細管)의 내부 압력을 대기압보다 낮게 하면 평균 자유행정이 커진다. 압력을 대기압의 100만 분의 3으로 하면 평균자유행정은 18㎝가 된다. 두 전극 사이에 가하는 전압이 마찬가지로 100V라고 하면 18㎝를 달려갔을 때 전계로부터 얻 는 에너지는 18eV가 된다. 이 값은 산소 분자, 질소 분자의 전리에 필요한 에너지보다 크다. 즉 전리 현상도 그리고 발광현상도 일어날 수가 있다. 100만 분의 1기압이라는 진공 상태이더라도 1㎤당 10조 개나 되는 분자가 존재하고 있기 때문에 발광현상이 나타나는 것은 당연하다. 공기의 압력이 더 낮아지면 평균자유행정은 1m 이상이 되는 수가 있다. 이 경우 우리 중에는 유리 세관 속을 1m를 달려가는 동안에 공기 분자와 한 번도 충돌하지 않는 것도 있다. 이때 세관 안에서는 전리 현상도 발광현상도 일어나지 않는다. 즉 공기의 압력이 지나치게 낮거나 지나치게 높아도 발광현상은 일어나지 않게 되는 것이다.

형광등과 나

형광등이라고 하면 인간 사회에서는 반응이 느린, 즉 약간 둔한 사람을 빗대는 표현으로 쓰이는 일이 있다. 그것은 형광등의 스위치를 넣고 불이 켜지기까지 0.1~0.5초 정도의 시간이 걸리기 때문이다. 이것은 형광등 안의 기체가 전리해서 발광하기까지의 시간차는 1억 분의 초와는 비교도 안 될 만큼 길다. 그 이유는 형광등의 두 단자 사이에 100V를 접속해도 형광이 발생하지 않기 때문이다. 더 높은 전압을 발생하는 장치가 필요한데, 형광등의 램프 뒤쪽에 깜빡깜빡하며 점멸하는 작은 램프가 그것이다. 이 램프가 전원의 전압 100V를 300V 이상으로 상승시키는 데 필요한 시간이 곧 시간차를 낳는다. 그런데 사실 형광등의 빛은 등 안의 기체가 전리되었을 때 발생하는 빛 자체가 아니다. 우리의 충돌으로 전리에 의해서 생긴 자외선이 안벽에 발라둔 형광 물질에 부딪혀 가시광선을 발생시키는 것이다. 관 안은 자외선이 발생하기 쉽게 수은 증기(10

만 분의 1기압)와 아르곤 가스(1000만 분의 1기압)를 넣어서 봉하고 있다.

타운젠트와의 만남

19세기 말, 톰슨과 더불어 나의 존재를 확인하는 실험을 하던 타운젠트(John Sealy Townsend, 1868~1957)는 내가 공기 분자와 충돌할 때마다 자유 공간에 있는 동료의 수가 차츰 증가하는 현상을 발견했다. 그리하여 1905년에 기체 속의 전리현상에 관한 이론을 발표했다.

이 이론에 따르면 음극으로부터 출발한 내가 평균자유행정의 거리를 달려간 뒤 중성 분자와 충돌할 때 전계로부터 얻는 에너지가 공기 분자를 전리하는 데 충분하다면 그 분자로부터 동료를 뛰어나가게 할 수가 있다는 것이다.

공기 분자로부터 뛰어나간 동료와 나는 전계로부터 에너지를 얻어서 양극 쪽으로 진행한다. 그리고 평균자유행정 거리를 달려간 뒤, 다시 다른 중성 분자와 충돌하게 된다. 그때 동료의 수는 나를 포함해서 4개가 된다. 이와 같이 2배, 4배, 8배로 동료의 수가 증가해 가는 현상을 타운젠트는 전자사태(electron avalanche)라고 명명했다.

그런데 내가 음극에서 출발하여 많은 동료를 배증(倍增)시켜도 후속 동료가 음극으로부터 뛰어나오지 않으면 발광현상은 지속되지 않는다.

그래서 타운젠트는 동료가 뛰어나간 뒤에 남겨진 양이온 원자가 음극 방향으로 이동하는 현상에 착안하여 이것이 중성자와 충돌해서 전리를 일으키는 메커니즘을 생각했다.

이 생각은 실패로 끝났지만 그 후 독일의 슈만(Vietor Schumann, 1841~1913)은 이 양이온이 음극에 충돌함으로써 음극에서 동료를 뛰어나가게 하는 메커니즘을 제안했다. 또 나의 충돌로 발생한 빛이 음극을 조사(照射)하면 광전효과(光電効果)에 의해서 동료가 뛰어나가는 메커니즘도 생각했던 것이다. 이 메커니즘들을 통틀어서 2차전자 방출메커니즘(二次電子 放出機構)라고 부르며, 방전현상(放電現象)이 유지되는 중심적인 메커니즘으로 되어 있다.

나는 어떻게 해서 금속에서 뛰어나오는가?

내가 공기 속을 음극 표면에서 양극 쪽으로 진행하는 메커니즘에 대해서는 비교적 간단히 설명할 수 있다. 그러나 음극 금속의 내부에 살고 있는 상태에서 공간으로 나오기까지의 메커니즘에 대해서는 아직도 밝혀지지 않았다. 이 현상은 지금까지 장벽이나 일함수 같은 말로 설명됐다.

우선 내가 금속 원자 속에 단독으로 살고 있는 상태를 생각해 보자. 〈그림 4-2〉는 그 모형도이다. 금속 원자의 중심에 우리를 끌어당기는 양성자군(群)이 살고 있는 원자핵이 있고, 그 주위에 우리의 존재가 허용되는 에너지 궤도가 그림 속에 점선으로 표시되어 있다.

그림의 오른쪽 절반에는 최외각에 살고 있는 내가 그 원자로부터 떨어져 나가기 위해 필요한 에너지와 원자의 중심으로부터 거리와의 관계가 표시되어 있다. 내가 금속 원자로부터 완전히 자유로워지기 위해서는 그 원자로부터 무한원(無限遠)의 거리까지 떨어져 있지 않으면 안 된다. 이것에 필요한 에너지가

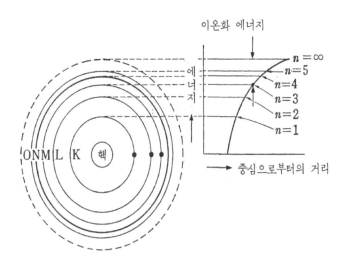

이온화 에너지

중심으로부터의 거리

〈그림 4-2〉 금속 원자의 이온화에너지

이른바 원자의 이온화에너지 또는 전리전압(電離電壓)이다. 내가 금속 원자의 결정 상태인 금속의 표면으로부터 자유 공간으로 뛰어나가려면, 단독인 원자의 경우보다 일이 복잡해진다. 그것은 최외각에 살고 있는 동료가 인접한 원자의 최외각에 살고 있는 동료와 서로 손을 마주 잡고 결합해 있기 때문이다.

지금 내가 〈그림 4-3〉처럼 금속 표면으로부터 조금 떨어진 위치에 단독으로 있다고 한다면 금속 도체의 표면에는 정전유도(靜電誘導)에 의해서 양극성의 전하가 유도된다. 그림 속의 실선은 전기력선(電氣力線)이라 부르며, 금속 표면의 양전하와 나로 인해서 형성되는 전계의 세기 분포를 가리키고 있다. 나는 이 전계의 세기에 기초하여 금속에 끌어당겨지는 것이다. 이 힘은 〈그림 4-4〉에 보인 것과 같이 금속 내부에 나와 반대의

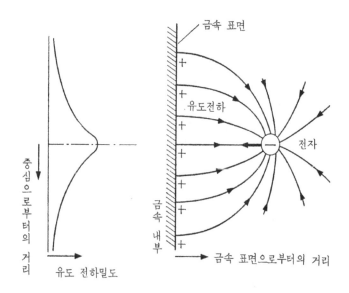

〈그림 4-3〉 전자가 금속 표면 가까이에 있는 경우

극성인 양전자가 존재하는 것으로 둘 사이에 작용하는 쿨롱 힘
이 같다.

이 힘에 거슬러 나를 금속 표면으로부터 무한원까지 떼어 놓
는 데 필요한 에너지를 구하면 이것이 곧 일함수의 값과 일치
하는 것이다.

그러나 이 에너지의 값을 구하는 데는 두 가지 큰 문제가 생
긴다. 그것은 내가 금속으로부터 뛰어나갈 때, 금속 표면의 위
치를 명확히 할 수 없다는 것과 금속이 식는 문제이다. 금속이
식는 문제는 물이 증발함으로써 그 온도가 내려가는 것과 마찬
가지이다. 그것은 이윽고 냉각 효과의 실험에서도 해명되었다.
그러나 앞의 문제는 실험적으로는 해결되고 있지만, 엄밀하게

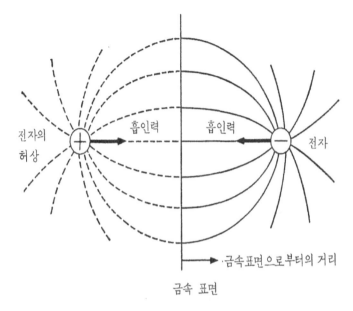

<그림 4-4> 전자가 금속에 흡인되는 메커니즘을 나타내는 영상 모델

말해서 이론적으로는 아직 해결되지 않고 있다.

그런데 여기에 금속 안의 동료가 온도의 상승으로 자유 공간으로 뛰어나가는 것이 가능하다면 전계를 가해도 가능할 것이라고 생각한 학자가 나타났다. 이 문제는 1928년, 영국의 파울러(Ralf Howard Fowler, 1889~1944)와 노드하임(Lother Walfgang Nordheim, 1899~1985)에 의해서 밝혀진 것이다. <그림 4-5>는 그것의 모형도이다. 그림 속의 세로축은 내가 자유 공간으로 뛰어나가기 위한 에너지이고 가로축은 금속 표면으로부터의 거리이다.

여기서 금속 표면으로 뛰어나간 나는 금속으로부터 앞에서 말한 쿨롱 힘으로써 끌어당겨지고 있는데, 전계는 반대로 나를

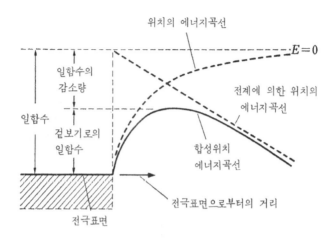

위치의 에너지곡선

$E=0$

일함수의
감소량

전계에 의한 위치의
에너지곡선

일함수

겉보기로의
일함수

합성위치
에너지곡선

전극표면으로부터의 거리

전극표면

〈그림 4-5〉 일함수와 전계의 관계

금속으로부터 떼어 놓으려는 것이다. 내가 금속 표면 가까이에
있는 상태에서 쿨롱 힘은 전계에 의한 쿨롱 힘보다 크기 때문
에 금속 원자로부터 떨어져 나가는 것은 곤란하다. 그러나 금
속 표면 위에서 전계에 의한 힘이 쿨롱 힘보다 커지면 우리는
자유 공간으로 뛰어나간다. 우리가 금속으로부터 뛰어나가는
수는 전계의 크기에 따라서 지수 함수적으로 증가한다. 이때
내가 하는 일은 본래의 일함수보다 작아진다. 이를 외관상의
일함수라고 부른다. 외관상의 일함수는 전계의 크기와 더불어
작아진다.

내가 금속으로부터 완전히 자유로워지는 거리가 금속 원자의
지름인 옹스트롬(Å) 이하로 되는 수가 있다. 이 경우에는 내가
갖는 에너지가 이 외관상의 일함수보다 작은 데도 금속으로부
터 자유 공간으로 나갈 수 있다.

이 현상은 기차가 작은 산을 넘었을 때 터널을 통과했는데도

〈그림 4-6〉 물질의 종류와 일함수

물질	일함수
세슘	1.81
바륨	2.11
탄타니드	4.19
몰리브데넘	2.20
금	4.32
구리	4.33
텅스텐	4.52
니켈	4.61
백금	5.32

불구하고 마치 산을 넘어온 척하는 것과 흡사한 데서 터널효과라고 명명되어 있다. 터널효과의 문제는 고체의 문제와 관계가 깊기 때문에 제8장에서 설명하기로 한다. 또 금속 표면에 관해서는 제7장에서 설명하겠다.

번개는 왜 지구를 직격하는가?

타운젠트가 전자사태의 메커니즘을 발표했을 때 기체 속의 방전현상은 모두 이론적으로 설명할 수 있는 것이라고 생각했다. 그러나 전극과 전극의 거리가 1m 정도로 커지면 타운젠트 이론을 적용할 수가 없게 되었다. 이 문제에 대해 일단락을 지은 사람이 영국의 학자 미크이고, 〈그림 4-7〉은 그 모형도이다.

지금 두 장의 평판 모양의 전극을 멀리 떼어 놓고 두 전극

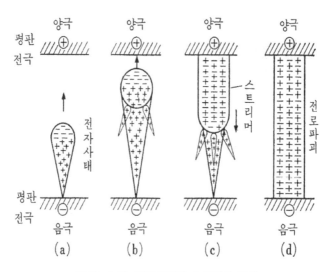

〈그림 4-7〉 전자사태와 스트리머 모델

사이에 높은 전압을 가하면 먼저 음극 표면으로부터 동료가 뛰어나간다.

이 동료가 선발대[초기전자(初期電子)라고 부른다]가 되어서 〈그림 4-7〉의 (a)와 같이 양극 쪽으로 향하는 전자사태를 형성한다. 이제부터가 문제이다.

전자사태 현상으로 발생한 양이온은 질량이 나보다 크기 때문에 이동 속도가 나보다 작다. 그리고 전자사태의 선단부에 우리들의 밀도가 큰 부분이 생긴다. 전자사태가 통과한 자국에는 나보다 10,000배나 무거운 양이온이 잔류하게 된다. 물론 양이온은 양전하를 가지고 있으므로 천천히 음극 쪽으로 이동하고 있다.

전자사태가 더욱 진전하면 〈그림 4-7〉의 (b)와 같이 전자사태의 선단부가 확대되고, 우리들의 수도 증대한다. 동시에 같은 구(球) 안의 음극 쪽에 양이온의 덩어리가 생긴다. 이 양이온 덩어리에 의해서 음극 쪽으로 향하는 전계가 생기는 것이다. 이 전계와 외부에서 가해진 전계와는 같은 방향이므로, 두 전계의 합성전계(合成電界)가 전자사태 선단의 구형 부분 주변에 작은 전자사태를 형성한다.

작은 사태에 의해서 생긴 동료들은 큰 전자사태의 선단부에 흡수된다. 이때 작은 전자사태에 의해서 생긴 양이온은 그 부분에 잔류하고 음극 쪽으로 향하는 전계를 강화하는 작용을 한다. 그리고 〈그림 4-7〉의 (c)에서 보듯이 다시 새로이 작은 전자사태를 형성한다.

그 결과, 양이온 덩어리가 음전극 방향으로 진행하고 있는 듯 보이는 것이다. 양이온의 덩어리가 음극 쪽으로 이동하는 것으로부터 이것을 양스트리머(streama)라고 부른다.

이것에 대해 양극 쪽으로 향하는 우리들의 그룹도 강한 전계를 형성하여 양극 쪽으로 향한다. 이와 같이 양극 쪽으로 향해서 흐르고 있는 우리들의 그룹을 음스트리머라고 부른다. 양과 음의 두 스트리머가 각각 양극 및 음극에 도달한 〈그림 4-7〉의 (d)와 같은 상태를 전로파괴(全路破壞)라고 한다. 이 상태는 두 전극이 도선으로 결합된 것과 같아서 전류가 자유로이 흐르는 것이다. 이와 같이 공간전하(空間電荷)가 다량으로 발생하는 조건이 충족되어 있으면, 미크의 이론에 따라 스트리머가 진전하기 위해서는 전극의 존재는 본질적이 아니게 되는 것이다.

전극이 없는 방전현상으로는 번개가 있다. 번개는 전극이 없는 구름에서 출발해서 지구로 향하거나 지구로부터 뇌운으로 향한다. 때로는 뇌운과 뇌운 사이의 방전이 일어난다. 뇌방전현상(雷放電現象)이 지구 위에 다다르는 도중에서 소멸되는 예가 자주 관측되고 있는데, 이것은 번개의 극성을 아는 중요한 현상이다. 이를테면 지구로 떨어지는 번개의 95%가 음극성을 지닌 번개이다. 이것은 뉴욕에 있는 높이 381m의 엠파이어스테이트 빌딩 꼭대기에 설치된 피뢰침에 떨어진 번개의 관측에서 얻은 결과이다.

애당초 나는 동료와 함께 원자·분자 속에 살고 있었는데, 수증기 속에 살고 있는 동료는 계절풍을 타고 이동한다. 그리고 여름의 태풍 내부라든가 겨울의 시베리아 한기단(寒氣團)이 높은 산에 부딪혔을 때처럼, 공기는 상승기류로 되어서 빙점 이하의 상공에 다다른다. 그리고 지상 1km 이상의 고공에 다다르면 수증기가 응집하는 동시에 결빙(結氷)하기 시작한다. 그러면 상승기류 내부에 있는 얼음 알갱이는 서로 마찰해서 가루와 같은 양전하를 띤 얼음 조각과 음전하를 띤 얼음 조각으로 분리된다. 전자는 가벼워서 상공으로 흩날리며 후자는 무거워서 뇌운의 하층부에 형성된다. 따라서 지상에 가까운 곳에 음전하가 집적된 층이 형성되는 것이다.

이와 같이 형성된 뇌운은 20~200쿨롱의 전하량이 있다. 내가 지니고 있는 전하량이 1.602×10^{-19}쿨롱이므로, 10^{21}개의 동료가 뇌운 속에 있다는 것이 된다.

이처럼 뇌운 속에 존재하는 다량의 동료도 지구에서는 절연물의 표면 위에 집적된 전하의 덩어리로 보인다. 그리고 이 음전하군의 정전유도 작용에 의해서 〈그림 4-8〉과 같이 지구 표면 위에 양전하군이 발생한다. 지구 위의 유도전하(誘導電荷)와 뇌운 속의 음전하군과의 사이에 쿨롱 힘이 작용하는 것이다.

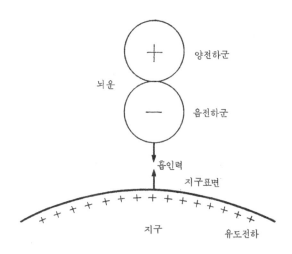

〈그림 4-8〉 뇌운

두 전하 사이의 전계가 공기 분자를 전리하는 값 이상이 되면 발광을 수반하여 불꽃 방전, 즉 뇌방전이 완성된다.

지구는 중성이므로 정전유도로 발생한 지구 표면 위의 양전하에 대해서 같은 양의 음전하가 지구의 다른 부분에 발생하고 있는 것이 된다. 그러나 지구는 뇌운의 덩어리와 비교해서 6,000배나 크므로, 정전유도에 의해서 생긴 음극성 전하는 지구의 어디에, 어떻게 분포해 있는지도 모를 만큼 적다. 따라서 일본에서 뇌방전 현상이 일어났다고 해서 금속의 경우처럼 지구의 반대쪽에 위치하는 브라질의 지표면에 음전하가 나타나지는 않는다.

뇌운이 발생할 때 뇌운 속의 하층부에는 음전하군이, 그리고 상층부에는 양전하군이 분포해 있다고 한다면 둘 사이에서 방전 현상이 일어난다고 해도 이상할 것이 없다. 사실 뇌운 속에서 숱한 뇌방전현상이 일어나고 있다. 이것들은 운간 뇌방전(雲間雷放電)이라고 불린다. 지상 3㎞에서 일어나는 뇌방전은 주로 지상을 직격하지만 그 이상의 상공이 되면 뇌운 속의 뇌방전이 주체이다.

플라스마 속의 나

형광등 내부나 뇌방전 현상에 의해서 일어나는 발광현상은 모두 나로 인한 것임이 밝혀졌다. 형광등의 경우는 열을 수반하지 않는 방전인 데 비해 백열전구는 열을 수반한 발광이다.

그렇다면 방전에 의해서 빛을 발생한 부분의 온도는 어떻게 되어 있느냐는 의문이 생긴다.

본래 온도라는 것은 입자가 운동을 하고 있을 때 그 입자가 지니고 있는 운동에너지의 척도(尺度)인 것이다. 따라서 내가 자유 공간을 달려가고 있으면 그 속도에 대응해서 나의 온도를 정의할 수 있다. 나의 경우는 전자 온도(電子溫度), 그리고 이온의 경우는 이온 온도라고 부르고 있다. 공기 분자의 경우에도 온도를 정의할 수 있다. 금속이라든가 절연물 속 또는 액체 속에서도 분자진동(分子振動)에 의한 온도가 정의되어 있다.

그런데 분자가 액체라든가 고체의 물질을 구성하고 있을 때는 우리는 서로 도와가면서 결합하고 있다. 온도가 상승해서 서로의 진동 진폭이 커지면 이윽고 우리는 서로 약한 힘으로 결합해 있는 상태가 된다. 이 상태가 곧 액체이다.

온도가 더욱 상승하면 원자·분자는 이웃끼리 완전히 차단된다. 이 상태가 기체이다.

더욱 온도가 상승하면 우리는 원자·분자 속에 살지 못하게 되고 자유 공간으로 뛰어나간다. 이처럼 우리가 전자와 이온으로 갈라져 있는 상태를 플라스마(plasma)라고 한다.

플라스마란 우리들의 총수와 양이온의 총수가 같은 상태를 통틀어서 일컫고 있다.

1983년 6월 1일, 20세기 최대의 개기 일식이 인도네시아의 자바섬을 중심으로 관측되었다. 다행히 일기가 좋아서 멋진 개기 일식을 텔레비전으로 볼 수 있었다. 믿기 힘들 만큼 아름다운 코로나 모양의 다이아몬드 링 그림을 보았다. 텔레비전에서는 여성 탤런트가 이렇게도 아름다운 빛의 그림은 태양의 빛으로 그려졌다고 생각되는데, 태양 속에서는 과연 어떤 일이 일어나고 있느냐고 질문하고 있었다.

태양의 내부에서는 1억 도의 고온 상태를 만들어 내는 핵반응(核反應)이 일어나고 있다. 이것은 열핵융합이라고 하는데, 두 개의 수소 원자가 융합해서 헬륨 원자로 변하는 현상이다. 이 반응은 1억 도라고 하는 고온 상태에서 일어나고 다량의 에너지가 방출된다.

이 현상이 밝혀지는 동시에 이와 같은 에너지의 발생이 지구에서는 불가능할까 하고 생각하게 되었다. 핵융합에 의한 인공 태양의 실현을 겨냥하려는 것이다.

기체가 1억 도라고 하는 고온 상태가 되면 모든 원자는 우리 전자와 이온으로 분리되어 버린다. 더구나 우리도, 이온도, 고속도로 운동하고 있다. 그러나 흥미롭게도 나는 1억 도의 고온 상태로 가열되어도 녹아서 소멸되는 일이 없다. 또 영하 200℃ 이하로 냉각되어도 사멸하는 일도 없다.

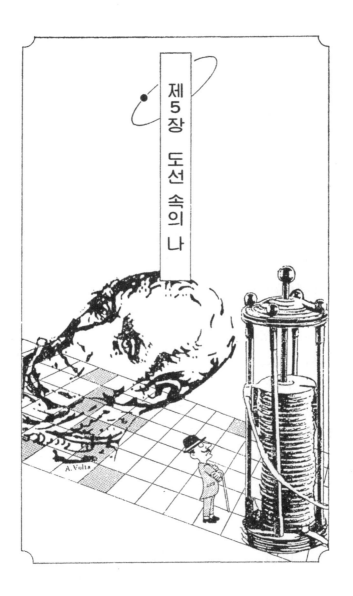

제 5 장 도선 속의 나

A. Volta

로렌츠와의 만남

내가 금속 안을 자유로이 돌아다니는 메커니즘을 밝힌 최초의 학자는 네덜란드의 로렌츠였다. 그것은 내가 발견되고부터 8년째인 1905년의 일이었다.

로렌츠가 생각한 나의 이동 메커니즘(移動機構)이란 가늘고 긴 금속 도체의 양단에 전압을 가하면 가한 전압에 비례해서 도선 안에 전계가 발생하고, 이 전계에 의해서 내가 이동한다는 것이다.

내가 발견되기 이전에도 비슷한 생각이 과학자의 세계에 없었던 것은 아니다. 1875년, 독일의 물리학자 베버는 전기를 띤 입자가 금속 안을 이동하는 메커니즘에 착안하여 금속의 전기전도현상(電氣傳導現象)을 설명하려고 시도했다. 또 1898년에 영국의 리케는 전기를 띤 입자의 운동에너지와 열에너지의 관계를 연구하고 있었다. 어쨌든 그 당시는 내가 살고 있는 원자의 구조는 아직 명확하지 않았다.

〈그림 5-1〉에 보듯이 두 장의 금속판 A와 B가 거리 d만큼 떨어져서 평행으로 놓여 있다고 하자. 두 금속판 사이에 전압을 가했을 때 금속판 사이에는 전압의 크기를 간격으로 나눈 값의 전계가 존재하는 것이 된다. 엄밀하게 말해서 이 관계는 평판 전극의 크기가 전극 사이의 간격보다 충분히 클 때만 옳은 것이다. 이와 같은 조건이 만족되어 있을 때의 전계는 전극 사이의 어디에서나 일정하다.

여기서 거미집 모양으로 둘러쳐진 가느다란 실과 같은 금속 도선을 〈그림 5-1〉처럼 전극 사이에 연결한 후, 전극 사이에 전압을 가하면 도선이 짧은(전극 간격이 충분히 작다) 동안에는

금속 도선에 흐르는 전류 때문에 도선이 녹아서 끊어져 버린

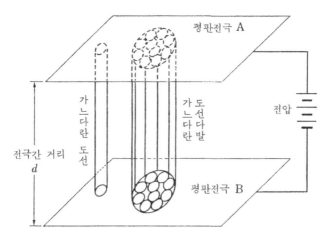

〈그림 5-1〉 가느다란 도선과 전계

다. 도선이 길어지면(전극 간격이 크다) 도선이 녹아서 끊어지지 않는다.

이때 전극 사이의 전압이 가한 전압과 같으면, 금속 도선 안에는 도선의 양단에 가해진 전압을 도선의 길이로 나눈 값과 같은 전계가 존재해 있는 것이 된다. 이 실험으로 금속 안에도 전계가 존재하고 있다는 것이 증명되었다.

그렇다면 금속 안의 전계란 어떤 양일까? 평행으로 놓여 있는 평판 전극 사이에 전압을 가했을 때 전계는 전압의 크기를 전극의 간격으로 나눈 값과 같다는 것은 앞에서도 말했다. 그렇다면 바늘 모양의 전극과 평판 모양의 전극인 경우에는 어떻게 정의되는 것일까?

전극 사이에 가한 전압을 전극의 간격으로써 나눈 값이 전계의 크기가 되는 것은 아니다. 만약에 가령 내가 바늘 전극과

평판 전극 사이에 있다고 한다면 내게 작용하는 구동력(驅動力)

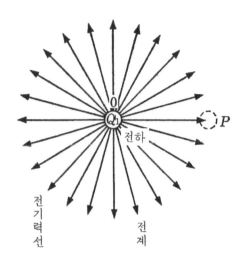

〈그림 5-2〉 전하와 전기력선

은 어떻게 될까? 경험에 의하면 바늘 전극 가까이에 존재해 있을 때의 구동력은 평판 전극 가까이에 있었을 때보다 훨씬 더 크게 느껴졌다. 내가 발견되었을 때도 그랬지만, 내가 진공 상태인 전극 사이를 달려갈 경우 나의 이동 속도는 전계에 비례해서 증대했다. 즉 전계란 내게 구동력을 주는 전기장(電氣場)의 크기를 가리키는 비례계수(比例係動)인 것이다.

또 전계의 방향을 가리키는 것으로 전기력선(電氣力線)이 있다. 지금 두 개의 전하 Q_1과 Q_2가 서로 고립되어 충분히 떨어져 있다고 하자. 거기서 전하 Q_1이 전하 Q_2에 미치는 전계는 〈그림 5-2〉에서 보듯이 전하 Q_2가 존재하지 않을 때의 전계로 구할 수가 있다. 점 0에 있는 전하 Q_1로부터 발생하는 전기력

선은 반경 방향으로 방사성으로 확산한다. 이 전기력선은 점 O

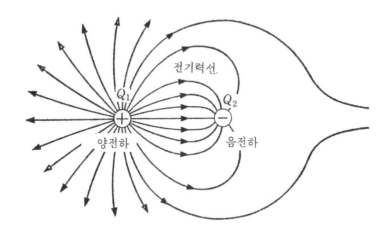

<그림 5-3> 두 개의 전하와 전기력선

으로부터 전위가 제로라고 생각되는 무한원점(無限遠點)으로 향하는 것이다.

이 경우의 전계는 360도의 모든 공간에 존재하는 것이 된다. 거기서 전계 속의 임의의 점 P에 전하 Q_2를 두었다고 했을 때 Q_2의 극성이 Q_1과 반대라면, 두 전하는 바로 쿨롱 힘으로써 흡인한다. 이 경우 전하 Q_2에 작용하는 힘은 그 위치에 있어서 전하 Q_1에 의한 전계의 크기에 비례한다.

쿨롱 힘은 두 전하의 거리의 제곱에 반비례하므로 전계의 크기는 Q_1로부터의 거리의 제곱에 반비례하는 것이 된다. 또 전하 Q_1로부터 발생하는 전계는 점 O부터의 거리가 같으면 일정하다. 따라서 전하 Q_1으로부터 등거리에 있는 구면 위의 전계는 일정하다. 이 전계의 크기는 구 안의 전하량 Q_1을 표면적의 유전율

배(誘電率倍)로 나눔으로써 구할 수가 있다. 이 이론은 1830년에 독일의 물리학자 가우스(Johann Karl Friedrich Gauss, 1777~1855)가 발표했다.

두 전하 Q_1과 Q_2가 서로 흡인력을 미치는 공간의 전계를 이론적으로 구하는 것은 별로 어렵지 않으며, 〈그림 5-3〉과 같다.

화제가 약간 빗나갔으므로 다시 금속 안 전계의 문제로 되돌아가자.

만약에 금속 안에 정말로 전계가 존재한다면 금속 안에 살고 있는 내게도 쿨롱 힘과 같은 힘이 작용할 것이다. 따라서 내가 금속 안을 전계를 쫓아서 달려간다고 하면 나의 속도는 내게 작용하는 힘(로렌츠 힘)을 질량으로 나눈 값(가속도)에 비례해서 증대하는 것이 된다.

저항이란?

만약 금속 안에 나의 이동을 방해하는 물질이 존재하지 않는다면 나의 이동 속도는 무한히 커진다. 전류는 우리의 수(전하량)와 이동 속도에 비례하고 있으므로 결과적으로는 무한히 큰 전류가 흐르는 것이 된다. 그러나 실제로서는 도선의 길이와 그 양단에 가하는 전압이 결정되면 흐르는 전류는 일정한 값이 된다. 전류가 일정한 값이라는 것은 우리를 가속하려는 힘과 감속시키려는 힘이 균형을 이루고 있다는 것이다. 우리를 감속하게 하려는 힘의 근원은 나의 이동 속도와 관계되며, 저항(抵抗)이라고 불린다. 이것이 로렌츠가 생각한 나의 이동에 관한 기본이다.

우리는 기체 속(공기 속)을 이동하고 있을 때 공기 분자에 방해를 받은 것과 마찬가지로 도선 속에서도 금속을 구성하고 있는 금속 원자의 방해를 받고 있다. 그러나 그 정도는 공기 분자와 비교도 안 될 만큼 약하다. 그것은 도선을 구성하고 있는 금속 원자가 규칙적으로 배열되어 있는 것과 관계된다.

그런데 물질의 온도는 물질을 구성하고 있는 분자, 원자의 운동에너지에 비례한다. 금속 도체의 온도가 높다는 것은 금속 원자가 열진동(熱振動)을 하고 있다는 것이다. 금속의 온도가 상승하면 열운동이 거세어지고, 금속 원자 사이의 결합력, 즉 우리의 협력 태세가 약화된다. 그 결과, 원자 사이의 자유로운 이동이 곤란해진다. 이것은 도선의 저항이 온도의 상승과 더불어 커진다는 것을 설명한 것이다.

외부로부터 동료가 진입해 와서 도선 안을 이동할 경우, 동료는 금속 원자와 상호 작용을 하는데, 이것을 충돌현상(衝突現象)이라고 한다.

또 금속 도체의 온도가 높다는 것은 내가 금속 도체 속을 이동하려는 방향과 직교하는 방향에도 금속 원자가 진동하고 있다고 할 수 있다. 따라서 나는 금속 원자와 충돌할 기회가 많아진다. 이 충돌현상은 나를 감속하게 하는 힘의 근원이 되고 있다.

그렇다면 단일 원자로 이루어져 있는 금속 결정체 속에 다른 원자를 혼입하면 어떻게 될까? 이와 같은 원소로써 구성되는 원자를 불순물 원자(不純物原子)라고 한다. 이 불순물 원자가 비록 미량이라고는 하나, 순수한 금속 결정 속에 혼입하면 그 부분의 결정 상태가 일그러지게 된다. 내가 이동할 통로에 돌멩이가 놓인 것과 마찬가지가 되어 나의 이동 속도가 감소하는 것이다. 즉 저항이 증대한 것이다.

내가 발견되기 전에 저항이라는 개념이 도입되어 저항을 표현할 만한 지표가 확립되어 있었다. 이것은 1827년에 독일의 물리학자 옴이 제안하여 옴의 법칙이라고 부른다.

이 법칙에 따르면 한 가닥의 도선 저항은 도선의 양단에 가한 전압의 크기를 흐른 전류의 크기로 나눈 값이 된다. 한 가닥의 도선 양단에 100V의 전압을 가했을 때 도선 안을 흐른 전류가 1A였다고 하면 도선 안의 저항은 100Ω이 된다. 거기서 가하는 전압을 늘 일정하게(100V) 해 두고 도선의 길이를 2배로 하면, 나의 흐름에 제한을 가하는 거리가 2배가 되기 때문에 흐르는 전류는 절반인 0.5A가 되고 저항은 200Ω이 된다. 이 관계는 도선의 굵기가 일정하다면 늘 옳다. 즉 도선의 저항은 길이에 비례하고 있는 것이다.

이것에 대해 〈그림 5-1〉에서 보듯이, 굵기와 길이가 똑같은 10가닥의 도선으로 전극 사이를 결합한 후, 전극 사이에 전압 100V를 가했다고 하자. 한 가닥의 도선을 흐르는 전류가 1A라면 전극 사이에 흐르는 전류는 10A가 된다. 따라서 저항은 10Ω이 되는 것이다. 한 가닥의 저항이 100Ω이므로 1/10의 저항이 되어 있는 것을 안다. 10가닥의 도선을 하나로 통합하면 그 단면적은 10배가 된다. 즉 도선의 단면적에 비례해서 전류가 증가한다. 즉 도선의 저항은 도선의 길이가 일정하다면 도선의 단면적에 반비례하는 것이다.

이상을 정리하면 일반적으로 도선의 저항은 도선의 길이에 비례하고 도선의 단면적에 반비례하고 있다는 것이 된다. 즉 도선의 저항은 도선의 형상(길이와 굵기)으로 결정된다.

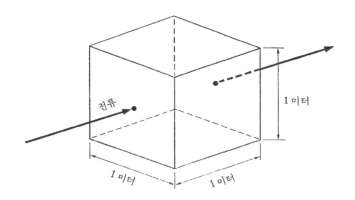

〈그림 5-4〉 금속 도체의 형상과 체적 저항률

그러나 형상이 꼭 같은 도선이라도 금속재료의 종류에 따라서 우리의 이동하기 쉬운 정도가 달라진다. 그래서 나의 흐름의 용이도를 결정하기 위해 〈그림 5-4〉와 같이 한 변의 길이가 1m인 입방체의 저항값이 쓰이게 되었다. 이 값을 저항률(抵抗率)이라고 한다. 그 금속의 저항률을 알면 어떤 형상의 저항이라도 구할 수가 있다.

전압이란 무엇인가?

전기를 대표하는 양으로서 전류, 저항 및 전압이 있다. 이것은 옴의 법칙을 설명하는 기본량이다. 이 중에서도 전압과 전류가 기본량이다. 전류는 도선의 양단에 전압을 가함으로써 생기기 때문에 전기의 양은 전압이 기준이라고 말할 수 있다. 한편 전압은 우리의 이동에 따라 발생하는 것이므로 전류가 전기의 양의 본질이라고 할 수 있다. 그러나 전압과 전류의 어느양이 전기량의 기준이 되느냐는 논의는 마치 닭과 달걀이 어느 것이 먼저냐는 논의와도 같다.

일반적으로 우리와 그것과 쌍을 이루는 양성자가 각각 같은 수가 존재해 있는 통상적인 원자, 분자는 중성이다. 그러나 이 원자에 외부로부터 열이나 빛의 에너지가 가해지면 나는 그 원자로부터 뛰어나가는데 이것이 전압의 발생이다. 내가 뛰어나가 버린 원자는 양이온이 되는데, 이 경우 내가 가지고 있는 전기에너지는 전위가 제로인 무한원에서 내가 가진 음전하를 운반해 오기 위해서 하는 일과 같은 값(等價)이다. 이것은 어떤 것을 말하는 것일까? 이를테면 지면으로부터 물체를 들어 올리면 이 물체는 지면에 대해서 위치에너지를 갖는다. 그 위치에너지는 지면으로부터 들어 올리는 데 필요한 일과 같다. 그런데 전기의 경우 지면에 해당하는 것은 무한원점이다. 나를 무한원으로부터 운반한다. 그렇다면 운반에 소요된 일과 같은 전기적인 위치에너지를 나는 무한원에 대해서 갖는다. 무한원을 기준으로 한 이 크기의 에너지를 1단위의 전하량(1쿨롱)으로 나눈 것이 전위(電位)이다. 즉 전위는 에너지에 대응한 양이다. 그리고 임의의 두 점 사이의 전위의 크기 차, 즉 전위차(電位差)를 전압이라고 부른다. 전위의 기준을 취하는 방법에 따라서 전위와 전압은 동의어(同義語)가 되는 것이다.

전극과 전극 사이의 전압(전위차)이 커지면 그만큼 큰 에너지가 얻어지므로 우리가 움직이는 속도가 빨라진다. 이것은 전류가 커졌다는 것을 의미한다.

구리는 왜 도선으로 사용되는가?

인간이 문화생활을 영위하기 위해서 없어서는 안 되는 것이

제5장 도선 속의 나 101

〈그림 5-5〉 금속의 종류와 비저항
주: 은의 저항=$1.49 \times 10^{-6} \Omega \cdot cm$

금속		비저항
은	Ag	1.00
구리	Cu	1.04
금	Au	1.36
알루미늄	Al	1.62
나트륨	Na	2.91
아연	Zn	3.22
텅스텐	W	3.29
니켈	Ni	4.06
철	Fe	5.85
주석	Sn	6.24
백금	Pt	6.58
납	Pb	12.62
수은	Hg	64.29

전기에너지이다. 이 에너지는 우리에 의해 수송되는 것이므로 저항이 적은 금속 도선이 필요하다. 저항은 나의 이동을 방해하는 동시에 내가 운반하려 하는 전기에너지를 흡수하기 때문이다.

거기서 각종 금속 재료의 저항률을 조사해 본 결과, 은이 가장 적다는 것이 밝혀졌다. 〈표 5-5〉는 은의 저항률 $1.49 \times 10^{-6} \Omega \cdot cm$의 값을 1로 했을 때 다른 금속 재료의 저항률의 비를 보인 것이다. 금, 은, 구리는 저항률이 가장 적은 재료이고 알루미늄, 텅스텐 등이 그 뒤를 잇고 있다. 금과 은은 인간 사회에서 귀중품으로 다루어지는 값이 비싼 재료이므로 다량으로 필요한 도선으로는 이용되지 않는 것이 당연할지도 모른다.

그렇다면 〈표 5-5〉에 보인 금속 재료가 이 지구 위에 얼마나 있을까? 이 양을 정확하게 추정하기는 곤란하다. 그러나 1924

년에 미국의 클라크(Frank Wiggleworth Clarke, 1847~1931)는
지구 표층부에서의 원소 존재도(存在度)의 추정값을 발표했다.
이 값을 클라크수라고 부른다. 그것에 따르면 철, 알루미늄, 구
리, 은, 금의 순서로 존재한다고 한다. 구리를 주성분으로 한
도선이 많이 쓰이고 있는 것은 금, 은과 마찬가지로 저항률이
적고 또 가공이 쉬운 데다 강도가 있고, 금이나 은에 비해 지구
에 다량으로 존재하기 때문이다. 한편 알루미늄은 가벼운 점이
인정되어 최근에는 고압선의 도선으로 쓰이고 있다.

금속 원자와 나

금속이란 원자의 최외각에 살고 있는 우리가 이웃하는 원자
사이를 비교적 자유로이 이동할 수 있는 물질을 말한다. 그러
기 위해서는 기본적으로 금속을 구성하고 있는 원자의 최외각
에 살고 있는 동료의 수가 적어야 한다.

멘델레예프(Dmitrii Ivanovich Mendeleev, 1834~1907)가 발
견한 주기율표 〈그림 3-9〉를 참조하면 제1족 및 제2족의 원자
가 금속 원소의 성질을 지녔다는 것이 명확하지만, 최외각에 4
개의 동료가 살고 있는 원소에서도 훌륭한 금속 원자로서 인정
받고 있는 것이 있다. 타이타늄(원자번호 22)이라든가, 주석(원자
번호 50) 등이 그것의 한 예이다. 또 안티모니(원자번호 51) 및
비스무트(원자번호 83) 등은 최외각에 5개의 동료가 살고 있는
데도 훌륭한 금속 원소인 것이다. 크로뮴(원자번호 24)이나 텅스
텐(원자번호 74)은 최외각에 6개의 동료가 살고 있는 금속 원소
이다. 이처럼 원자번호가 커져도 최외각에 살고 있는 동료의
수와 금속 재료 사이에는 별로 관계가 없다. 이것은 〈그림

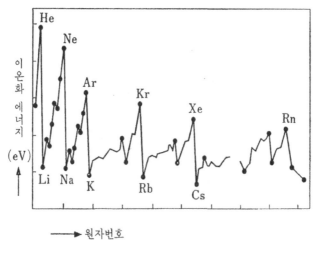

〈그림 5-6〉 원자의 이온화에너지

5-6〉에 보인 원자의 이온화에너지와 깊은 관계가 있다.

나는 이와 같은 금속 원자 사이를 이동하는데, 우선 금속 내부에서 어떤 상태로 살고 있는가를 소개하기로 한다.

〈그림 5-7〉은 금속 도선의 대표적인 구리 원자 안에 내가 살고 있을 때의 모형도이다.

구리 원자는 원자번호 29의 원소로서 원자의 중심에 29개의 양성자가 살고 있는 원자핵과 그 주위를 회전하고 있는 29개의 동료로 구성되어 있다.

이 그림의 하부에는 최외각에 살고 있는 내가 그 원자로부터 자유 공간으로 뛰어나가는 데 필요한 에너지와 원자의 중심으로부터의 거리 관계가 표시되어 있다. 세로축은 에너지, 가로축은 원자의 중심으로부터의 거리이다. 내가 금속 결정으로부터 완전히 자유롭게 되기 위해서는 금속으로부터 무한원의 거리까

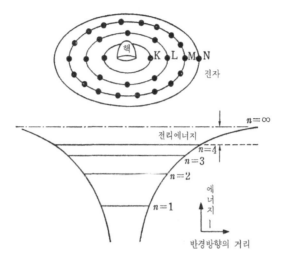

〈그림 5-7〉 구리 원자의 모델

지 떨어져 있어야 한다는 것은 제4장에서 자세히 말한 바 있다.

〈그림 5-8〉은 많은 구리 원자가 결합한 상태의 에너지 모형도이다.

구리 원자 4개가 응집해서 결정체로 되면 각 원자 사이의 장벽이 낮아지고, 최외각에 살고 있는 우리는 원자 사이를 자유로이 왕래할 수 있게 된다. 이 경우, 우리는 서로 동일한 에너지를 가질 수가 없기 때문에(동일 에너지 준위에 공존할 수는 없다) 이동할 수 있는 에너지 준위에 어떤 한계가 생긴다. 이 에너지 준위는 전도대(傳導帶)라고 불린다.

원자가 결합해서 화학적으로 안정된 물질이 된다는 것은 원자가 응집함으로써 전체 에너지가 감소한다는 것이기도 하다. 따라서 개개 원자에 대해서 생각해 보면 최초에 위치하던 동료

의 에너지 준위가 결합에 의해서 얼마쯤 낮아진다는 것이기도

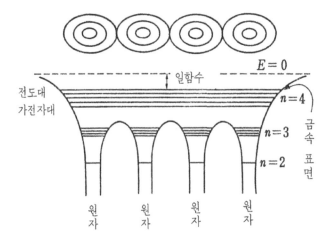

〈그림 5-8〉 구리 원자가 4개 결합했을 때의 모델

하다. 그 까닭을 좀 더 자세히 설명하겠다.

본래 우리는 원자 속의 K각에 2개, L각에 8개, 그리고 M각에 18개의 동료가 살도록 허용되어 있다. 그런데 n개의 금속 원자가 응집했을 때는, 이를테면 최외각의 궤도를 M각의 3s 궤도라고 생각하면 같은 3s의 에너지 준위에 n개의 동료가 동시에 사는 것은 허용되지 않는다. 분자는 최외각의 동료가 손을 맞잡고 결합해 있다고 말했는데 동료 중에는 서로 협조적으로 결합하는 경우와 비협조적인 상태로 결합하는 경우가 있다. 협조성을 가진 동료가 집합하더라도 역시 같은 궤도에 동시에 들어가지는 못한다.

금속 원자가 단독으로 존재하던 때의 최외각의 에너지 준위를 페르미 에너지 준위라고 부른다. 한편 n개의 원자가 응집했

을 때 최외각 궤도의 에너지 준위의 평균값은 단독으로 존재하

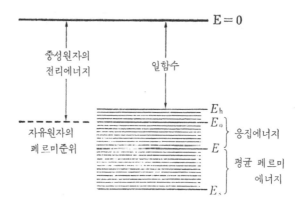

〈그림 5-9〉 결정체의 에너지 준위와 자유 원자의 페르미—
에너지 및 전리 에너지

던 때의 페르미 에너지 준위보다 낮아진다. 즉 개개 금속 원자
는 보다 안정된 궤도로 이동하기 때문이다. 〈그림 5-9〉는 그것
의 모형도이다.

그림의 좌측에는 금속 원자가 단독으로 존재해 있던 때의 페
르미 에너지 준위 E_0가 점선으로 표시되어 있다. 우측에는 n
개의 금속 원자가 결합했을 때 허용되는 에너지 준위의 폭을
가리키고 있다. 상부의 실선은 금속 안의 동료가 완전히 자유
가 되는 에너지 준위를 가리키고 있다. E_s는 동료가 서로 협조
성을 가지고 결합했을 때 에너지 준위의 최젓값이다. E_h는 비
협조성을 가지면서도 결합하고 있을 때의 에너지 준위이다. E
는 그것의 평균값이다. E의 값은 금속 원자 한 개의 페르미 에
너지 준위보다 약간 낮아지고 있다는 것을 알 수 있다.

그렇다면 에너지 준위 E_s와 E_h 사이에는 얼마만 한 에너지

준위의 수가 있을까? 그것은 원자의 수 n만큼 존재한다. 스핀의 궤도까지 고려하면 2배인 2n이 존재해 있는 것이다.

만약 최외각에 한 개의 동료가 살고 있는 금속 원자가 n개 결합했다고 하면, 최저 에너지 준위 E_s로부터 2개씩 채워가면 2n개의 궤도의 절반까지 채워지게 된다. 이것에 대해 최외각에 2개가 살고 있는 경우에는 2n개의 에너지 준위가 모조리 채워진 것이 되고, 페르미 에너지 준위 E_0보다 높은 에너지 준위에도 동료가 존재하게 된다. 그러므로 E_0보다 높은 에너지 준위에 동료가 사는 것이 허용된다면 그만큼 더욱 적은 에너지로써 자유 공간으로 뛰어나가는 확률이 증대되는 것이다.

〈그림 5-8〉에서 보인 구리 원자 4개가 직렬로 결합한 상태를 생각해 보기로 하자. 그림은 그 에너지의 모형도이다. 그림 중에서 N각 4s 궤도가 금속 원자 속에 살고 있는 동료의 에너지 준위이므로 4s 궤도에는 적어도 8개의 동료가 사는 에너지 준위가 존재한다. 즉 N 궤도에는 빈자리가 있다.

그와 같은 상태에서 전계가 종이 면의 우측으로부터 좌측에 가해졌을 때 외부로부터 다른 동료가 진입하면 N 궤도에는 빈자리가 있기 때문에 종이 면의 좌측에서 우측으로 이동하게 된다. 그런데 진입해 온 동료가 최외각에 살고 있는 동료와는 서로 구별할 수가 없기 때문에 어느 동료가 이동해 왔다고 한들 인간에게는 식별이 안 되는 것이다. 이와 같이 금속 원자 안에서는 동료는 자유로이 이동할 수 있게 된다.

그런데 앞에서 말했듯이 물질은 어느 온도에서 존재하고 있으므로 금속 원자는 그 열에너지에 해당한 열 진동을 하고 있다. 이 경우, 금속 안에 있는 각 금속 원자의 에너지 준위가 상하로 변동한 것과 같은 상태가 되어 우리가 전도대를 이동할 경우에도 그 몫만큼 장벽이 생긴 것처럼 된다. 즉 앞에서 말했듯이 나의 통로에 돌멩이가 놓인 구조로 되는 것이다. 물론 이 돌멩이는 금속 온도의 저하와 더불어 제거된다.

그렇다면 원자의 온도가 0도가 되면 완전히 진동이 멎고, 장벽이 제로가 되느냐고 하면 여기에는 문제가 있다. 온도가 제로로 되더라도 원자에는 영점진동(零點振動)이라는 것이 있다. 이것은 이론적으로나 실험적으로도 증명되어 있다. 이 진동에 해당한 저항이 존재하는 한 온도가 내려가더라도 저항은 제로로는 되지 않는 것이다.

그런데 온도가 절대영도(絶對零度)가 되지 않는 동안에 저항이 완전히 제로가 되는 현상이 1911년에 네덜란드의 온네스(Heike Karner Iingth Onnes, 1853~1926)에 의해 발견되었다. 초전도현상(超傳導現象)이라고 불리는 것이 그것이다.

초전도현상과 나

도선의 저항이 온도와 더불어 상승한다는 것은 이미 말한 바 있다. 그 근원은 금속 원자의 열 운동이었다. 내가 구리의 금속을 주성분으로 한 도선 속을 이동했을 때의 경험에 따르면, 20도에서 1Ω이었던 저항이 600도가 되면 30으로 상승하는 것이었다. 또 영하 190도가 되면 0.2Ω으로 감소한다. 도체의 온도가 절대영도가 되어도 약한 진동이 존재하므로 전기 저항이 제로가 되는 일은 있을 수가 없다고 나는 믿고 있었다. 그런데 네덜란드의 과학자 온네스가 낮은 온도에서 수은의 저항을 측정했더니 -268.78도부터 268.74도의 범위에서 저항이 완전히 제로가 되는 현상을 발견했다. 이 현상은 불순물이 혼입되어 있었는데도 불구하고 얻어진 것인데 온네스는 이것을 초전도 현상이라고 명명했다.

온네스는 전기 저항이 작은 도체를 사용해서 큰 전류를 흐르게 함으로써 강한 자계를 만드는 연구를 시작하고 있었다. 연구를 진행하는 동안에 연달아 기묘한 현상이 발견되었다. 그리고 이 초전도 현상은 자계와 깊은 관계가 있다는 것을 알았다. 이를테면 초전도체이더라도 자기적 성질을 지니는 불순물이 혼입하면 초전도 상태가 깨져 버리는 것이다. 그렇다면 초전도 상태가 되는 금속 안에서 나는 어떻게 이동하고 있을까? 이 문제는 그렇게 간단하지 않다.

1957년, 미국의 바딘(John Bardeen, 1908~1991), 쿠퍼(Leon N cooper, 1930), 슈리퍼(John Robert Schrieffer, 1931) 세 사람에 의해서 초전도 이론이 발표되었다. 이 이론은 세 사람 이름의 머리글자를 따서 BCS 이론이라고도 불린다. 그것에 따르면 초전도체와 통상적인 금속에서는 우리가 이동하는 메커니즘이 본질적으로 다르게 되어 있다.

통상적인 금속 안에서 우리 전자끼리는 서로 반발력을 미쳐 가면서 독립적으로 이동하고 있다. 그리고 금속 원자와 충돌하기 때문에 이동 속도에 제한을 받는다. 이것이 금속의 저항이다. 이것에 비해 초전도체 속에서는 두 개의 금속 원자(금속의 결정격자에 있는 원자) 사이에 작용하는 포논(phonon)이라고 불리는 입자에 의해서 우리는 서로 인력을 가지고 두 개씩이 쌍이 되어서 이동한다. 그 결과 전기 저항이 제로가 되는 것이다. 이 쌍을 쿠퍼쌍(Cooper pair)이라고 부른다.

쿠퍼쌍이라는 말로써 대치했을 뿐, 이것만으로는 이해하기 쉬워졌다고는 말할 수 없을지 모른다. 그래서 좀 대담하게 이 의미를 해설해 보기로 한다.

통상적인 전도체 속에서는 우리가 자유로이 움직일 수 있다고 하지만, 원자를 구성하고 있는 동료로부터 쿨롱 힘에 의한 반발력을 받는다. 그런데 초전도체 속에서는 저온 때문에 우리 자유 전자도 에너지가 낮으며 각각의 원자에 느슨하게 속박되어 있다. 초전도체 속에 살고 있는 우리가 운동을 하면 내가 약하게 결합해 있는 금속 원자(결정격자에 살고 있으며 양성자를 가졌다)가 인력을 받는다. 그 결과로 금속 원자로부터 구성되어 있는 격자(格子)가 탄성(彈性)을 받는다. 이 탄성에 영향을 받아서 이웃 동료가 양전하를 갖는 금속 원자에 끌어당겨진다. 결과적으로는 내가 동료를 끌어당긴 것이 된다. 이것을 쿠퍼쌍이라 부르고 있는 것이다. 이와 같이 쌍으로 되어서 안정하게 존재하는 입자는 일반적으로 보즈 입자(Bose particle)라고 불리는데, 동시에 모든 동료가 같은 방향으로 위상(位相)을 가지런히 해서 이동하는 긴밀하게 뭉뚱그려진 성질을 나타낸다. 좀 더 쉽게 말하면 쿠퍼쌍의 상태를 유지하면서 이동하는 것이므로, 내가 인력으로 동료를 인솔하고 그 동료는 다시 이웃 동료를 인솔하여 이동한다고 할 수 있다. 이때 격자에 살고 있는 금속 원자는 우리를 배척하는 것이 아니라 끌어당기는 작용을 하고 있다. 그래서 저항이 제로가 되는 것이다.

합금과 저항

금속 결정 속에 불순물이 섞여든다는 것은 내가 금속 안을 이동하는 통로에 돌멩이가 놓인 것과 같은 것이라고 말했다. 실은 이 장벽의 산은 금속의 열 진동에 수반해서 생기는 장벽의 산보다 훨씬 더 높다.

그러나 이 불순물의 양이 금속 원자의 양에 비해서 무시할 수 있을 만큼 적으면 불순물에 의한 전기 저항의 변화는 무시할 수 있다. 이를테면 구리 속에 20ppm(1ppm=100만 분의 1)의 불순물이 혼입되면, 불순물에 의한 저항 변화는 1㎝³의 구리의 저항으로 환산해서 1㎝의 길이당 $1.7 \times 10^{-9} \Omega$이 된다. 이 저항은 구리의 온도가 절대영도에 접근해도 본질적으로 남는다. 이와 같은 불순물에 의한 저항을 잔류저항(殘留抵抗)이라고 한다. 이 사실은 반대로 이미 알고 있는 어떤 금속의 저항을 저온에서 측정함으로써 그 금속 속에 함유되어 있는 불순물의 양을 추정할 수 있다는 것이 된다. 즉 금속의 저항은 불순물에 의한 저항과 금속 원자의 열 진동에 의한 저항과의 합으로써 성립되어 있다.

그런데 불순물의 종류에 따라서는 온도가 상승하는 데 수반해서 저항이 감소되는 금속 재료도 있다. 그리고 불순물의 양이 많아져서 그 혼합비를 적당히 선택함으로써 온도가 변화하더라도 저항값이 거의 변화하지 않는 금속 재료를 만들 수도 있다. 이와 같이 다른 종류의 물질을 혼합시켜서 어떤 특성을 지니는 금속을 만들 수가 있는데, 이와 같은 금속을 합금(合金)이라고 부른다.

합금에서는 개개 원자가 갖고 있지 않은 특성을 달성할 수가 있다. 최근에 과학자의 세계에서 가장 주목받고 있는 것이 온도를 절대영도로 하지 않아도 전기 저항이 제로가 되는 합금,

즉 초전도 합금을 만드는 일이다.

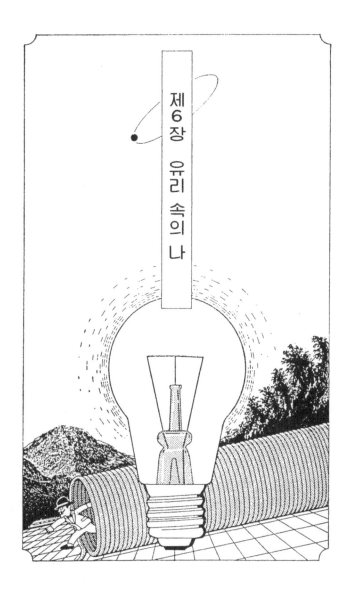

제6장 유리 속의 나

절연물이란?

내가 공기 속을 이동할 때 공기 분자의 방해를 받아서 좀처럼 움직일 수 없게 된다는 것은 제1장에서 말했다.

또 도선과 같은 금속 안을 이동할 때 인접하는 금속 원자 사이를 자유로이 이동할 수 있다는 것도 제5장에서 말한 그대로이다.

그렇다면 금속과 마찬가지로 고체인 유리 같은 절연물 속에서 나는 어떻게 하고 있을까? 절연물이라고 하는 것으로 봐서는 내가 움직일 수 없는 것일지도 모른다.

일반적으로 물질은 공기와 같은 기체, 음료수와 같은 액체, 그리고 금속 도체라든가 유리와 같은 고체의 세 가지 형태로 분류되고 있다. 이들 물질은 내가 주거로 삼고 있는 원자로 성립되어 있으므로 유리와 같은 절연물 속이라 하더라도 내가 움직이지 못할 이유가 없다.

그런데 절연물인 고체에서도 우리가 인접하는 원자에 살고 있는 동료와 서로 결합수를 내밀면서 물질을 형성하고 있다는 것도 확실하다. 이 경우, 외부에서 진입한 동료들이 인접하는 원자 사이를 통과하려 했을 때 그것을 적극적으로 통과시켜 주려고 하지 않는 물질이 절연물이다. 고체 절연물 중에는 다이아몬드와 같이 우리가 살고 있는 원자, 분자가 규칙적으로 배열해 있는 결정체와 유리처럼 불규칙하게 분포해 있는 비결정체(非結晶體)가 있다. 특히 비결정체는 아모퍼스(amorphous)라고 부른다.

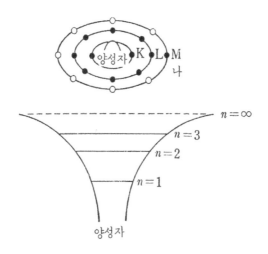

〈그림 6-1〉 나트륨 원자의 모델도

소금은 절연물인가?

소금은 인간 활력(活力)의 근원이 되는 물질이라 하여 예로부터 귀중품으로 다루어져 왔다.

식염은 주기율표의 제Ⅰ족에 속하는 알칼리 금속인 나트륨 원자와 제Ⅶ족에 속하는 할로겐 원소인 염소 원자가 결합한 매우 안정된 물질로 알려져 있다. 본래 나트륨 원자와 염소 원자는 전기적으로 중성인데, 그와 같은 중성 원자끼리 어떻게 결합하고 있는 것일까?

나트륨 원자는 원자번호 11의 원소이므로 11개의 양성자와 같은 수의 동료로 성립되어 있다. 이것이 곧 중성이라는 증거이다.

나트륨은 〈그림 6-1〉에서 보듯이 K 궤도에 2개, L 궤도에 8개의 동료가, 그리고 M 궤도에는 나만 살고 있다. K 궤도와

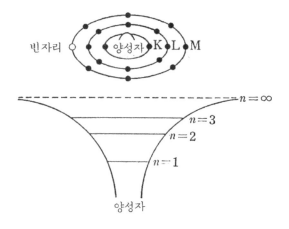

〈그림 6-2〉 염소 원자의 모델도

L 궤도에 살고 있는 10개의 동료가 힘을 합해서 원자핵 안의 양성자 11개를 둘러싸고 있기 때문에 내가 원자의 내부를 봤을 때 1개의 양성자만이 살고 있는 것같이 보인다. 더구나 내가 살고 있는 M 궤도는 K 궤도보다 9배나 멀리 떨어진 곳에 위치하고 있다. 따라서 내가 양성자로부터 끌어당겨지는 힘은 K 궤도에 살고 있는 동료의 1,000분의 1이다.

또 흥미로운 일은 나트륨 원자는 최외각에 살고 있는 나를 방출해서 폐각구조(閉殼構造: 살 수 있게 허용되는 궤도가 동료에 의해서 꽉 채워진 상태)를 형성하려는 성질이 있다. 그래서 나를 방출한 원자를 양이온이라 부르고 있다. 바꿔 말하면 나트륨 원자의 양이온이 되는 에너지가 다른 원자의 그것보다 작은, 즉 이온으로 되기 쉬운 것이다. 그런 까닭으로 나트륨 원자 속에 살고 있는 나는 나를 끌어당겨 줄 만한 원자가 존재하면 나트륨 원자에서 떨어져 나가서 그 원자와 결합한다.

이와 관련해 동료 한 개를 흡수해서 폐각구조를 형성하려는 성질을 갖는 원소가 있다. 이것은 최외각의 궤도에 살고 있는 동료의 수가 만원이 되는 「마법의 수」보다 한 개가 모자라는 원소이다. 염소가 그 대표적인 예이다. 〈그림 6-2〉는 동료가 살고 있는 모형도이다. 원자번호 17의 염소는 K 궤도에 2개, L 궤도에 8개, 그리고 M 궤도의 3p 궤도에 7개의 동료가 살고 있다. 만약 염소 원자가 동료 한 개를 끌어당기면 전기적으로는 음전하가 한 개 많아진 상태가 된다. 이와 같은 상태가 된 원자를 음이온이라고 한다.

나트륨 원자와 염소 원자가 결합했다는 것은 나트륨 원자의 최외각에 살고 있는 내가 염소의 최외각인 M 궤도로 끌어당겨진 것이 되고, 나트륨 원자나 염소 원자도 더불어 외관상으로는 폐각구조가 되었다는 것이 된다. 여기서 나트륨 원자는 양이온의 성질을 가리키고 염소 원자는 음이온의 성질을 가리키기 때문에, 나트륨 이온과 염소 이온이 쿨롱 힘으로 결합한 것처럼 보인다. 이와 같은 결합을 이온결합이라고 부른다. 이와 같이 나트륨 이온과 염소 이온이 결합해서 식염이 되면 서로 외관상 폐각구조를 나타내어 다른 동료의 진입을 저지한다. 이것이 식염이 절연물이 되는 이유이다.

식염 속의 나

그렇다면 염소 원자의 M 궤도에 사는 동료에 대한 염소 원자 안의 양성자에 의한 힘이, 나트륨 원자의 M 궤도에 사는 나에 대한 나트륨 원자 안의 양성자에 의한 힘보다 커지는 것은 어떤 이유일까? 즉, 내가 자신이 소속해 있는 원자인 양성

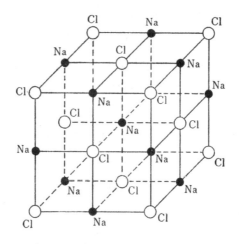

〈그림 6-3〉 염화나트륨의 결정 구조

자보다도 결합할 상대의 원자 안의 양성자를 더 강하게 끌어당기는 것은 어떤 이유일까?

그 이유는 염소 원자에서는 K 궤도와 L 궤도에 사는 10개의 동료가 원자핵 안의 17개의 양성자를 전기적으로 차폐하고 있지만, M 궤도에 사는 7개의 동료가 원자의 내부를 보았을 때는 원자핵 속에 7개의 양성자가 살고 있는 듯 보이기 때문이다. 더구나 7개의 양성자는 M 궤도에 살고 있는 동료를 구별할 수 없으므로 7개의 동료에 대해서 동등한 흡인력을 미치는 것이다. 그 결과 흡인력은 나트륨 안에 사는 내게 작용하는 힘이 약 7배나 커진다.

그런 상태에 있는 염소 원자의 M 궤도에 내가 신세를 지고 있었을 때 양성자는 나와 M 궤도에 살고 있는 다른 동료를 구별하지 못하기 때문에 다른 동료와 같은 크기의 쿨롱 힘으로써 내가 끌어당겨지는 것이다.

애당초 화학 반응은 원자의 최외각에 살고 있는 우리가 서로 왕래할 수 있게 되어서 비로소 생기는 것이다. 이를테면 식염은 다수의 나트륨 원자와 다수의 염소 원자 사이에서 우리가 왕래해서 결합한 결정체이다. 이와 같은 식염의 상태를 현미경으로 관찰하면 〈그림 6-3〉과 같은 입방 결정형으로 되어 있다. 즉 나는 나트륨 원자의 최외각에 살고 있지만 인접하는 6개의 염소 원자와 같은 힘으로 결합해 있다.

〈그림 6-3〉으로부터도 알 수 있듯이 식염은 나트륨 원자 한 개와 염소 원자 한 개가 결합한 단분자(單分子)의 상태로 존재하고 있는 것이 아니다. 식염 안의 한 개의 나트륨 원자 주위에는 6개의 염소 원자가, 그리고 한 개의 염소 원자 주위에는 6개의 나트륨 원자가 결합해 있다.

그러나 이 6벌(組)의 결합력의 합계는 단분자로서 존재해 있었을 때의 결합력과 거의 같다. 이온결합에 따라 단분자를 구성하는데 필요한 에너지라는 것은 2개의 이온이 결합되어 있는 상태로부터 무한원까지 떼놓는데 필요한 에너지와 같다. 이 에너지는 8.94eV이다. 이 이온결합을 떼놓기 위해서는 전계로 가리키면 1cm당 2000만V의 힘이 필요하다.

그만큼 강력하게 결합되어 있는 이온끼리도 물속에 넣으면 쉽게 분리되고 서로 단독 이온으로서 존재하게 된다. 실은 식염이 물속에 녹으면 결합력이 1/80이 되는 것이다. 이것은 두 이온 사이의 쿨롱 힘이 전하가 놓인 매질(媒質)의 비유 전율분의 1이 되기 때문이다. 그 때문에 나트륨 이온과 염소 이온의 결합 에너지는 0.11eV로 감소한다. 또 나트륨 이온과 물 분자의 산소(음이온)와의 결합 및 염소 이온과 물 분자인 수소(양이

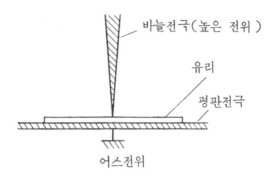

〈그림 6-4〉 바늘-평판 전극과 절연판

온)와의 결합력, 즉 수화(水和) 에너지의 몫만큼 결합 에너지가 감소하는 것이다.

그 때문에 식염이 물에 녹으면 그 일부는 상온에서도 나트륨 이온과 염소 이온으로 분해된다. 그 결과 전기가 통하기 쉬운 전해액(電解液)이 되는 것이다. 이들 이온은 약한 전계가 존재하기만 해도 이동하게 된다. 즉 식염수는 전류가 흐르기 쉬운 액체라고 할 수 있다.

나를 방해하는 유리의 표면

인간이 유리를 발견한 것은 4000여 년 전의 일이라고 하는데 공업용 유리가 만들어지게 된 것은 고작 136년 전인 1850년경의 일이다. 유리가 절연물로 이용되기 시작한 것도, 그리고 진공 용기로 이용하게 된 것도 모두 그 무렵의 일이다.

유리는 규소와 산소가 주성분이 되어 결합한 물질이며 본래 수정(산화규소)과 같은 성질을 지닌 분자의 집합체이다. 결정체인 수정 가루를 녹인 후 급격히 냉각한 것이 석영(石英) 유리이다. 이 산화규소는 식염과 마찬가지로 폐각구조로 되어 있어서 절연물의 성질을 나타낸다. 이런 종류의 유리는 녹는 온도가 매우 높다. 그 후, 석영 유리 속에 납이라든가 붕소와 같은 금속을 혼입해서 녹는 온도가 낮은 공업용 유리가 발명되었다.

내가 유리 속에 있으면서 이동할 수 있다는 것은 앞에서 말한 그대로이다. 만약에 동료가 유리 속으로 진입하려 했을 때는 어떤 일이 일어날까? 과학자는 이 현상을 조사하기 위해 〈그림 6-4〉의 실험 장치를 고안했다.

얄팍한 평판 모양의 유리판 한 면에 바늘 모양의 전극과 그 뒤쪽에는 평판 모양의 전극을 배치하고, 두 전극 사이에 높은 전압을 가한다. 여기서 한쪽 전극이 바늘 모양으로 되어 있는 것은 전극의 선단을 뾰족하게 하면 그 부분의 전계가 평판 전극의 표면 전계의 10배, 100배로 커지고 동료가 바늘 선단에서 힘차게 뛰어나갈 수가 있기 때문이다. 그러나 이 실험은 다른 중요한 현상이 일어났기 때문에 실패로 끝났다. 그 현상이란 무엇일까? 바늘 전극을 음극성으로 하고 가하는 전압을 차츰 증가시켜 가면 우리는 바늘 전극의 선단으로부터 자유 공간으로 뛰어나갈 수 있게 된다. 한편 바늘 전극의 선단 가까이의 절연물인 유리 안의 동료는 바리케이드를 쳐서 우리가 그 내부로 들어오지 못하게 한다. 갈 곳이 없어진 우리는 유리 표면에 집결할 수밖에 없게 된다.

바늘의 선단에 집결한 동료가 많아지면 서로 반발하게 되고, 바늘 전극의 내부에서 뛰어나오는 후속 동료의 수가 제한을 받는다. 바늘 전극에 가하는 전압을 더욱 크게 하면 우리는 유리 표면을 따라서 이동하기 시작한다.

사실은 바늘 전극과 평판 전극 사이에 높은 전압을 가하면 유리면에 수직인 방향과 유리 표면을 따라가는 방향과의 쌍방에 큰 전계가 생긴다. 이들 전계와 우리 집단에 의한 전계와의 합성전계(合成電界)에 의해서 우리는 유리 표면을 따라서 달려가야 한다. 그때 우리는 기체 분자와 충돌하고 속도가 클 때는 분자를 이온화한다. 이와 같이 이온화를 반복하면서 우리는 동료를 배증(倍增)시켜 유리 표면을 진행해 가는 것이다. 이 현상은 일반석으로 표면방전현상(表面放電現象) 또는 연면방전현상(沿面放電現象)이라고 불리며, 제4장에서 말한 공기 속의 방전 현상과 본질적으로는 같은 성질의 것이다.

우리가 정말로 유리 표면을 달려갔는지 어떤지를 명확히 하기란 좀처럼 어렵다. 그것은 유리의 표면을 달려가는 우리의 속도가 1초 동안에 일본열도를 끝에서 끝까지 달려가는 속도이기 때문이다. 이 거리를 지구의 인력으로부터 뛰어나가는 속도, 초속 11km의 로켓을 타고 날아간다고 하더라도 수백 분이 걸린다. 인간이 아무리 노력한들 나를 직접 볼 수 없는 것이다.

나의 이동과 색도형

유리와 같은 절연물의 표면을 내가 달려갔을 때 생기는 연면방전현상이 도형(圖形)의 형태로서 처음으로 기록된 것은 1777년이다. 독일의 리히텐베르크(Georg Christoph Lichtenberg, 1742~1799)가 〈그림 6-4〉와 같은 전극 배치로서 유리 대신 얄팍한 에보나이트 판을 삽입하여 전극 사이에 높은 전압을 가한 뒤, 그 판 위에 우연히 미세한 가루 모양의 황을 살포했더니 세상에 다시없는 불가사의한 아름다운 색도형(色圖形)이 나타났

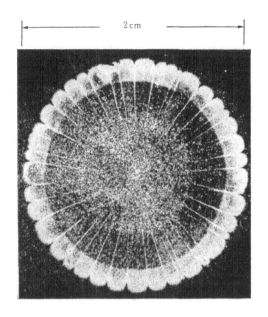

〈그림 6-5〉 음의 연면방전(沿放面電) 도형

던 것이다.

그 후, 양에 대전한 적색 광명단(光明丹: 산화납의 가루)과 음에 대전한 황백색의 황의 미세한 가루를 사용하여, 연면방전현상이 색도형으로서 기록될 수 있게 되었다. 〈그림 6-5〉는 이와 같은 방법으로 얻은 대표적인 도형이다.

이것은 〈그림 6-4〉와 같이 두께 2㎜의 유리판을 배치하고 바늘 전극에 음극성 전압 1만 볼트를 가했을 때 얻은 도형이다. 전압을 가하고 있는 시간은 1억 분의 1초이다. 동심원 모양의 도형 지름이 2㎝이므로, 도형의 반지름을 전압을 가한 시간으로 나눔으로써 방전이 진행하는 속도를 얻는다. 즉 1초 동안에 1,000㎞를 진행하는 속도이다.

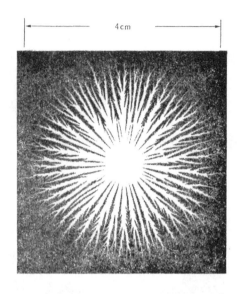

4cm

〈그림 6-6〉 양의 연면방전 도형

연면방전으로 생긴 우리가 잔류해 있는 유리면 위에 앞에서 말한 미세한 가루를 뿌리면 양에 대전해 있는 적색 광명단은 우리에게, 또 음에 대전해 있는 황은 양이온에 부착된다. 그 결과 우리가 달려간 자국이 색도형으로서 유리 표면 위에 나타나는 것이다.

이렇게 얻은 대표적인 예가 〈그림 6-5〉이다. 〈그림 6-5〉를 참조하면 레몬을 고리 모양으로 자른 것과 같은 도형으로 되어 있다. 이것은 우리가 하나의 집단이 되어서 이온화 현상을 수반하며, 이동하는 전자사태의 집합 형태를 보이는 곳부터 유리 표면에는 음전기를 갖는 입자가 잔류하고, 그것이 적색 광명단을 끌어당기고 있다는 것을 안다. 도형의 색깔이 적색인 것으로부터 나의 이동에 대응하고 있는 것이 밝혀진 것이다.

1838년에는 프랑스에서 사진이 발명되었다. 그 이듬해인 1839년에는 우리가 달려간 연면방전 도형이 미세한 가루를 사용했을 때와 마찬가지로 사진 도형으로서 기록되었다. 이와 같은 방법으로 기록된 한 예가 〈그림 6-6〉이다.

이것은 〈그림 6-4〉에 보인 전극 배치에서 유리와 바늘 전극 사이에 얄팍한 사진 필름을 배치하고 바늘 전극에 양극성의 전압 1만V를 가했을 때의 도형이다. 이 경우, 전압을 가하는 시간은 〈그림 6-5〉의 경우와 마찬가지로 1억 분의 1초이다.

도형의 지름이 4㎝이므로 방전 현상이 진전되는 속도는 1초 동안에 2,000㎞가 된다. 이 나뭇가지 모양의 도형은 우리가 이 온화현상을 수반하면서 유리 표면 위를 이동했을 때 발생한 빛에 의해서 감광된 방전 도형이다. 이 일련의 실험으로부터 우리의 이동 속도가 빛의 속도의 1/100 가까이에 다다르고 있다는 것이 밝혀졌다.

유리는 전기로 파괴되는가?

유리는 규소와 산소가 주성분이 되어 결합한 물질이며 어떤 결정체(수정)의 변형이다. 이 결정체의 가루를 녹인 뒤, 급격히 냉각한 것이 석영 유리이다. 이런 종류의 유리는 녹는 온도가 매우 낮다. 그 후 석영 유리 속에 납이라든가 붕소와 같은 알칼리 금속을 혼입해서 녹는 온도가 낮은 공업용 유리가 발명되었다.

그런데 유리가 파괴된다는 것은 유리를 구성하는 규소, 산소, 납, 붕소, 나트륨 등의 원자 사이를 결부시키고 있는 동료의 작용을 단절하는 일이다. 그러기 위해서는 각 원자가 결합하는

데 필요한 에너지 이상의 에너지를 외부로부터 공급해 주면 된다. 그 에너지는 열에너지, 역학적인 에너지, 전기에너지, 광(光)에너지 등 어떤 종류의 에너지라도 좋다.

이를테면 전기에너지를 준다고 하면 그 에너지가 차츰 커지면 우리는 유리 속이라고 하더라도 기체 속과 마찬가지로 이동할 수가 있다. 그것은 유리의 내부가 진공 상태로 되어 있기 때문이다. 약 $3Å$ 떨어진 곳에 양성자가 점점이 존재하고 있을 뿐이다. 그런데도 우리가 가지고 있는 에너지가 작을 때 우리가 유리 내부로 들어갈 수 없는 것은 유리 내부가 폐각구조로 되어 있어서 우리가 원자의 궤도에 끼어들 여지가 없기 때문이다. 반발력이 강하게 작용하기 때문이다.

그러나 우리의 운동에너지가 커지면 유리 내부로 들어갈 수 있게 된다. 외부로부터 주어진 에너지에 의해서 유리 내부의 동료들은 궤도에서 쫓겨나서 전도대를 이동하게 된다. 다만 이 전도대로 동료를 밀어 올리는 데는 큰 에너지가 필요하다. 이 에너지의 크기는 에너지갭(禁止帶)이라고 불리며, 절연성의 세기를 나타내는 척도로 되어 있다. 과학자는 그 과정을 전자전도상태(電子傳道狀態) 또는 절연파괴상태라고 부른다. 이 상태는 요컨대 절연성이 파괴되고 전도성을 갖게 되는 것인데, 동시에 유리가 문자 그대로 물리적으로 파괴되는 것이기도 하다.

많은 원자의 결합과 나

탄소 원자와 같이 에너지 상태가 같은 둘 이상의 원자가 결합할 경우, 인접하는 같은 에너지 준위에 살고 있는 동료 사이에도 뜻이 잘 맞는 것이 있는가 하면, 맞지 않는 것도 있다.

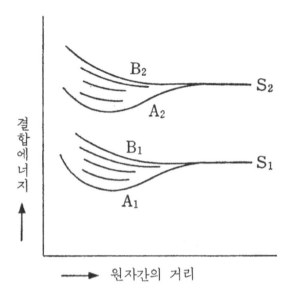

〈그림 6-7〉 같은 종류의 원자가 다수 결합했을 때의 에너지 모델

여기서 뜻이 맞는다는 의미는 이를테면 둘이 결합하면 에너지
가 낮게 안정될 만한 스핀이 서로 반대 방향으로 되는 경우 등
이다. 뜻이 맞는 것끼리 결합한 경우에는 작은 에너지로서 결
합할 수 있고, 뜻이 맞지 않는 경우에는 큰 에너지가 필요하다.
또 원자와 원자가 서로 접근하면 가전자대(價電子帶) 내부에
사는 동료끼리의 반발 작용 및 원자핵 안에 사는 양성자끼리에
의한 척력(斥力) 등으로 서로 반발하는 작용력이 효과적으로 나
타난다. 즉, 두 원자가 멀리 떨어져 있을 때는 거의 일정한 에
너지 상태에 있다. 〈그림 6-7〉은 그 도형도이다. S_1과 S_2는 각
각의 원자가 단독으로 있을 때 궤도의 에너지 준위이다. A_1과
A_2는 동료가 가장 강력하게 마음을 합해서 결합할 경우의 에

너지 준위이다. 이것에 대해 B_1과 B_2 곡선은 가장 비협력적인 상태에서 결합할 때의 에너지 준위이다.

동일 종류의 원자가 다수 결합했다고 하더라도 우리는 동일 에너지 준위에 들어가도록 허용되지 않으므로, A_1 곡선과 B_1 곡선 사이의 에너지 준위 및 A_2 곡선과 B_2 곡선 사이의 에너지 준위에 존재하게 된다. 이 경우, 두 원자가 극단적으로 접근하면 동료끼리의 반발력 및 두 원자핵 안의 양성자끼리의 반발력이 작용해서 접근할 수가 없게 되는 것이다. 그 반발력을 배척하고서라도 접근하기 위해서는 개개 원자에 속한 동료는 큰 에너지를 얻지 않으면 안 된다. 이 에너지는 화학반응에 필요한 에너지의 100만 배 이상이 되는 경우도 있다. 이와 같은 에너지를 각각의 원자가 가지고서 반응하는 현상이 핵반응(核反應)이라고 불리는 것이다.

다이아몬드와 나

우리가 유리처럼 분자가 불규칙하게 배열되어 있는 비결정질체(非結晶質體) 속을 이동했다고 하더라도 우리의 이동 메커니즘을 이론적으로 밝히기는 어렵다. 그것은 우리의 행동이 불규칙하게 분포해 있는 분자에 방해되어 완전히 무질서하게 되기 때문이다. 그러므로 원자나 분자가 이상적으로 또 규칙적으로 배열된 구조를 갖는 결정체에 대해 생각해 보기로 하자.

절연물을 형성하는 결정체로는 다이아몬드, 식염, 수정 등 다종다양한 것이 있다. 그중에서 가장 간단한 결정 구조를 갖는 결정체는 동일 종류의 원소가 결합한 것이다. 그것은 주기율표의 제IV족의 원소인 원자번호 6의 탄소, 14인 규소, 32인 저

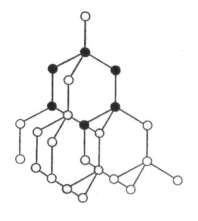

<그림 6-8> 다이아몬드의 결정 구조

마늄(게르마늄) 등이다. 특히 탄소의 결정체는 다이아몬드로 불리며, 단단하고 아름다운 광택을 내어 여성에게는 동경의 대상이 되고 있다. 또 규소나 저마늄 등은 반도체의 소재로 사용되는 귀중한 결정체이다. 제Ⅳ족의 원소로써 이루어져 있는 이들 결정체는 각 원자 사이의 거리가 어느 방향을 취해도 같은 사면체를 이루고 있다.

〈그림 6-8〉은 다이아몬드의 모형도이다. 이것은 인접하는 탄소와 탄소가 등간격으로, 같은 힘으로 결합해서 이루어진 결정체이다.

규소라든가 저마늄의 결정체도 다이아몬드와 같은 사면체의 결정으로 되어 있다.

탄소 원자는 K 궤도에 2개, L 궤도에 4개의 동료가 살고 있다. 이와 같은 원자의 최외각(L 궤도)에 살고 있는 4개의 우리는 그 주위에 있는 원자의 동료와 서로 협력해서 결정체가 되는 것이다. 그 결정 상태를 평면적으로 보인 것이 〈그림 6-9〉의 모형도이다.

탄소 원자에 착안하면 L 궤도에 살고 있는 4개의 동료는 상하좌우 위치에 있는 다른 탄소 원자와 우호적으로 결합한다. 주위의 탄소 원자도 마찬가지여서 L 궤도의 동료가 상하좌우의 탄소 원자와 결합한다. 따라서 개개의 탄소 원자는 서로 한 개

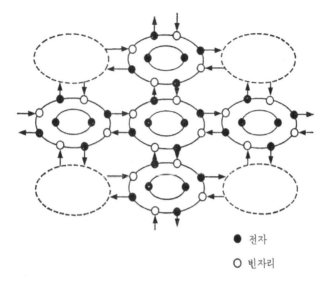

● 전자
○ 빈자리

〈그림 6-9〉 탄소 원자 결정체의 평면도

씩 동료를 제공해서 결합해 있는 것이 된다. 이와 같이 인접한
두 원자가 각각의 원자에 소속되는 동료를 공유하고 있는 결합
을 공유결합(共有結合)이라고 한다. 그림을 참조하면 탄소의 결
정체는 한 개의 탄소 원자에 착안하면 L 궤도에 8개의 동료가
살고 있는 것이 되어 외관상으로는 폐각구조로 되어 있다. 따
라서 외부로부터 결정체로 진입하려는 동료가 최외각으로 들어
갈 여지가 없어서 이동도 뜻대로 되지 않는 것이다. 이와 같은
결정체는 절연물이 된다.

　우리가 살고 있는 최외각 궤도의 결정체는 앞에서 말했듯이
가전자대라고 불린다. 그 상태를 모형으로 나타낸 것이 〈그림
6-10〉이다. 만약에 탄소의 결정체 속에 살고 있는 우리나 외
부에서 진입해 온 동료가 원자 사이를 자유로이 이동하려면 더

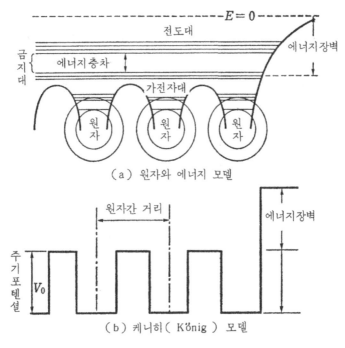

〈그림 6-10〉 절연 결정체와 에너지 밴드 모델

에너지가 높은 위치에 있는 전도대의 궤도를 달려가지 않으면 안 된다. 이것은 금속 안의 이동 메커니즘과는 근본적으로 다르게 되어 있다. 금속 결정체인 경우, 가전자대와 전도대가 겹쳐져 있는(그림 5-8) 데 반해 절연물은 〈그림 6-10〉과 같이 둘 사이로 뛰어오르지 않으면 안 되는 에너지의 층차(層差)가 있는 것이다.

나는 유리 속을 파동으로써 이동한다

그런데 원자 안에 살고 있는 동료가 결정 안의 이웃 원자로

이동하려 했을 때, 〈그림 6-10〉의 ⓐ에 보인 것과 같이 가전
자대에 살고 있는 동료라면 문제가 없다. 그러나 가전자대보다
낮은 에너지 준위에 살고 있는 동료는 원자 사이에 동료의 이
동을 방해하는 입자가 없는데도 불구하고 이동할 수가 없다.
그것은 원자 안의 양성자에 의해서 강하게 끌어당겨지고 있기
때문이다. 이것은 장벽(障壁)이라고 불린다. 이 장벽 안에 살고
있는 동료의 에너지 상태를 해명하기 위해 〈그림 6-10〉의 ⓑ
에 나타낸 것과 같은 이상화(理想化)한 1차원 모델이 사용되고
있다.

지금 동료가 두 장벽 사이에 둘러싸여 있다고 한다면 동료는
이 속 어디에 있다고 생각해야 할까? 만약 장벽이 매우 높으면
동료가 장벽 가까이에 존재한 확률은 거의 제로이다. 그러므로
장벽과 장벽의 중심 가까이에 가장 큰 확률로 존재하게 된다.
드브로이(Louis Victorde Broglie, 1892~1987)가 제창했듯이 동
료의 존재가 파동(波動)으로서 나타내질 수 있다고 한다면 장벽
인 곳이 마디(節)인 파동이 될 것이 틀림없다. 장벽의 위치가
마디로 될 만한 파동은 많이 존재하는데, 그 파동의 진동수와
플랑크(Max Karl Planck, 1858~1947)의 상수(常數)의 곱과 같은
에너지를 가지고 있는 동료가 존재한다는 것이 된다.

동료가 가지고 있는 에너지가 일정하더라도 장벽의 높이 V_0
가 작아지면, 동료는 가전자대에 살고 있을 확률이 커진다. 이
경우에도 동료는 파동으로서 존재하고 있다.

동료들이 가지고 있는 에너지는 평균값으로서 표시되고 있는
데, 일부 동료는 평균값보다 높은 에너지 상태로 되는 경우가
있다. 이 동료들은 이웃 원자로 이동할 수 있게 된다. 우리가

가지고 있는 에너지가 장벽 V_0을 뛰어넘기에 충분한 에너지가 아니라고 하더라도, 그 일부가 이동한 것처럼 된다. 즉, 내가 단독으로 이동했을 때는 마치 장벽을 터널을 통해서 빠져나온 것처럼 생각할 수 있는 것이다. 이와 같이 나의 존재가 확률로서 나타나는 한, 유리 안에 살고 있을 때도 파동으로써 표현된다. 그것은 물질의 원자 분자 안에 살고 있는 어떠한 에너지 상태에서도 말할 수 있다. 그런 상황에서 우리는 유리 속을 파동으로써 전도한다고 말할 수 있는 것이다.

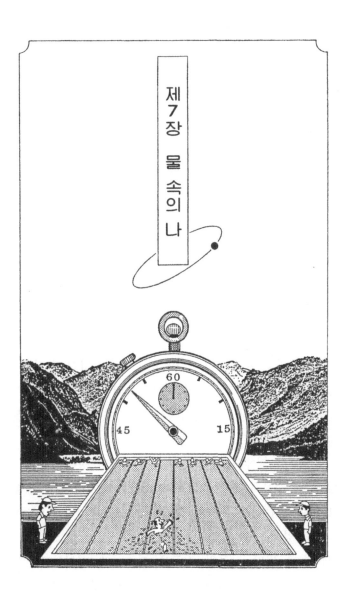

액체와 나

지구 위의 물질은 기체, 고체, 액체의 세 가지 형태로 이루어져 있다. 그리고 지구 위에 존재하는 모든 물질의 성질이 나의 작용에 의해서 지배되고 있다는 것은 이미 이야기한 바 있다. 따라서 내가 기체 속이나 고체 속과 마찬가지로 액체 속도 이동할 수 있다고 생각하는 것은 매우 자연스러운 일이다. 그러나 사실 내가 액체 속을 이동한다는 것은 공기 속을 이동한다는 것과는 비교도 안 될 만큼 곤란한 일이다.

가장 큰 이유는 액체 속은 나의 이동을 방해하는 액체 분자가 기체 속보다 많기 때문이다. 그렇다면 분자 밀도가 큰 물질에서는 이동하기 힘드냐고 하면, 분자 밀도가 액체보다 큰 금속에서는 액체 속과는 비교도 안 될 만큼 이동하기 쉽다. 반면 다이아몬드와 같은 물질은 기체 속이나 액체 속보다도 이동하기 어렵다.

액체는 물처럼 이동하기 쉽고 형상이 일정하지 않다는 특징이 있다. 그 유동성이라는 입장에서 보면 압력이 높은 기체이고, 분자 밀도 및 구조의 입장에서 보면 유리와 같은 비결정질(非結晶質)인 고체이다.

내 입장에서 액체를 생각해 보면 전기적인 성질은 어떻게 되어 있을까? 수은과 같이 액체이면서도 금속처럼 도전성(導電性)을 보이는 것이 있는가 하면 절연유(絶緣油)처럼 내가 이동할 수 없는 것도 있다.

액체 속에 평판 모양의 전극을 평행하게 배치하고, 이것에 직류 전압을 가하면 〈그림 7-1〉에 나타낸 것과 같은 전압, 전류 특성을 얻는다. 내가 등장하는 것은 그림 속 영역의 전류가 급격히 증가하는 영역이다.

그렇다면 인간의 생활에 가장 밀접한 관계를 가지고 있는 물속에서 동료는 어떤 작용을 하고 있을까?

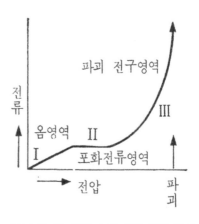

물의 분자량은 18g이다. 이것은 액체 분자가 아보가드로수인 6.02×10^{23}개 모였을 때의 질량이다. 즉, 물 분자는 1㎤당 3.3×10^{22}개가 있다는 것을 가리킨다.

〈그림 7-1〉 액체 속의 전압-전류 특성

이것에 대해 물이 증발해서 기체인 수증기로 되었을 경우에는 같은 1㎤ 속에 3×10^{19}개의 물 분자가 존재한다. 물이 기체가 되면 밀도가 1/1000로 감소한다는 것이다.

액체 속을 전기가 흐르는 현상을 학문적으로 연구한 최초의 학자는 영국의 패러데이이다. 19세기 초의 일이었다. 그 당시 나는 아직 발견되지 않았다. 1833년에 패러데이는 전기를 흐르게 하는 근원은 양에 대전한 양이온과 음에 대전한 음이온이라고 정했다.

내가 발견되고서도 내가 물과 같은 절연성 액체 속을 자유로이 이동할 수 있다고 생각한 학자는 거의 없었다. 최근에 와서 계측기술(計測技術)의 두드러진 진보와 함께 액체 속을 빠르게 달려가는 입자가 존재한다는 것을 알게 된 것이다. 그 입자가 나라고 확인된 것은 극히 최근의 일로서 1970년보다 조금 전이다.

액체 속에서의 영법

내가 절연성인 액체 속을 이동할 때, 전계가 비교적 약한 동안에는 액체 분자가 방해되어 자유로이 움직이지 못하지만 전계가 강해지면 그렇지 않다. 현재로는 우리가 액체 속에서 이동하는 메커니즘을 다음과 같이 이해하고 있다.

양전극과 음전극 사이에 전압이 가해졌을 때, 음전극의 표면으로부터 뛰어나간 우리는 액체 속으로 진입한다. 그리고 액체 분자와 충돌하면서 양전극 쪽으로 이동한다. 액체 속으로 진입한 우리는 전계를 따라가면서 힘을 받는다.

우리가 가속을 받는 거리는 제4장에서 말했듯이 액체 분자 간의 거리와 같은 평균자유행정이다. 이 거리는 액체의 상태에 따라 다르지만 약 3Å이다. 내가 이 거리를 달려가는 동안에 전계로부터 얻을 수 있는 에너지는 가한 전계의 크기와 내가 가지고 있는 전하량, 그리고 평균자유행정의 곱과 같다.

지금 가하는 전계를 1㎝당 100만V(절연성 액체가 파괴되는—즉 액체 속을 전류가 흐르는- 경우 전계의 강도 값)라고 하면 내가 최초의 충돌로부터 다음 충돌까지 얻는 에너지는 0.03eV이다. 이 값은 절연성 액체 분자를 이온화하는 데 필요한 에너지 양보다 1/100 정도가 작다. 그런데도 이 전계에서 이온화가 일어난다는 것은 내가 기체 속과는 다른 메커니즘으로써 전도하는 것은 아닐까 생각된다. 이 점을 해결하기 위해 나의 진정한 이동 상태를 실험적으로 관측하려는 생각을 했다.

최근 계측 기술의 진보에 수반하여 내가 액체 속을 이동하는

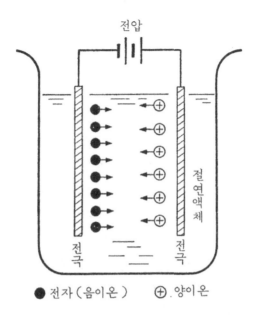

〈그림 7-2〉 액체 속의 전기 전도 현상의 모델도

속도가 정확하게 측정되었다. 또 물리화학자의 연구와 노력으로 액체의 분자 구조와 나의 이동 현상과의 관계가 이론적으로 자세히 검토되었다.

내가 액체 속을 이동할 때는 전계에 의한 구동력(驅動力)을 받는 것이 확실하다. 동시에 나는 액체 분자와의 충돌에 의한 억제를 받는 것도 확실하다. 일반적으로 이 억제력은 나의 이동 속도와 거의 비례한다. 따라서 나는 전계에 의한 구동력과 분자와의 충돌에 의한 억제력의 균형 상태에서 일정한 속도로써 이동하는 것이다.

속도가 전계에 비례하고 있으므로 속도와 전계의 비의 값은 전계와는 관계가 없다. 이것은 이동도(移動度)라고 불리며, 액체의 종류에 따라서 내가 이동하기 쉬운지 어려운지를 식별하는 바로미터(barometer)로 되어 있다. 이 이동도의 결정은 나의 평균자유행정에 관계되고 있다.

제4장에서도 말했듯이 액체 속에서 나의 평균자유행정은 액체 분자의 크기와 단위의 입방체에 포함된 액체 분자 수의 곱에 반비례한다. 그리고 액체의 분자 수는 액체의 밀도와 분자량으로서 결정되어 있으므로 액체의 온도와 압력이 결정되면 평균자유행정은 간단히 구할 수 있을 것이다. 실제로 그 값은 분자가 골프공과 같이 구형일 경우에는 간단히 구할 수가 있다.

그러나 분자의 표면이 들쭉날쭉한 경우에는 외관상의 단면적이 커지게 된다. 그래서 내가 액체 속을 헤엄쳤을 때 나의 이동도를 알게 되면 액체의 분자 구조(단면적)를 추정할 수 있고, 또 반대로 액체의 분자 구조를 알면 나의 이동도를 추정할 수가 있다.

전자버블과 나

액체 헬륨처럼 분자량이 작고 구형의 단원자(單原子)로 구성된 액체 속에서 나의 이동도는 가장 커지는 것이라고 생각된다.

그래서 각종 액체 속에서 나의 이동도의 값을 정리한 것이 〈그림 7-3〉이다. 이 표는 헬륨 속의 나의 이동도를 1로 했을 때 비의 값이다. 내가 결합 반응을 보이지 않는 불활성 액체인 분자량이 큰 아르곤 속의 값이, 예상에 반해서 헬륨 속에서보다 크게 되어 있다는 것을 알 수 있다. 이것은 도대체 어찌 된 일일까?

원래 헬륨은 기체 상태로 존재하는 것이 보통이지만 빙점하

액체의 종류	온도(K)	비(比)이동도
헬륨	3.9	1
수소	20.4	0.48
중수소	23.0	0.22
네온	27.1	0.05
질소	77.3	0.05
산소	90.1	0.05
아르곤	84.0	15833.3
크립톤	116.0	60000.0
크세논	161.0	7333.3

주 : 액체 헬륨의 이동도 3.0×10^{-2} cm^2 /볼트·초

〈그림 7-3〉 액체의 종류와 전자의 이동도

269도(절대온도 4.2도) 이하가 되면 액체가 된다. 그와 같은 액체 속을 내가 이동하려고 해서 침입하면 즉각 수많은 헬륨 원자에 둘러싸인다. 그것은 내가 헬륨 원자의 결합을 방해하고 있기 때문이다. 그리고 나는 둘러싸여 있는 헬륨 원자에 사는 동료로부터 반발력을 받는 것이다. 전후좌우의 헬륨 원자에 사는 동료로부터 반발력을 받아서 나는 으깨어질 것처럼 된다.

그러나 다행히 나는 전하량을 가지고 있으므로 주위의 헬륨 원자에 살고 있는 동료를 제자리로 도로 밀어낸다. 〈그림 7-4〉는 그 모형도이다. 이 힘은 쿨롱 힘이므로 나와 헬륨 원자에

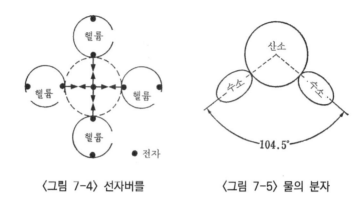

〈그림 7-4〉 선자버블　　　　　〈그림 7-5〉 물의 분자

사는 동료와의 거리가 작아질수록 커진다. 그러면 헬륨 원자는
질량이 작기 때문에 나로부터의 반발력을 두려워하여 멀리 떨
어져 나가려고 한다. 그리고 헬륨 원자가 나를 으깨려고 하는
힘과 나의 반발력이 균형을 이룬 상태를 유지하면서 나는 액체
헬륨 속에 존재할 수 있게 되는 것이다.

헬륨 원자는 나의 주위에 평등하게 분포해 있기 때문에 내가
존재할 수 있는 공간은 거의 구형으로 되고, 그 지름은 원자
지름의 약 10배인 30Å이다. 이 공간 안은 나 이외는 아무것
도 존재하지 않는 진공 상태이다. 과학자는 이와 같이 내가 단
독으로 존재하는 공간을 전자버블(電子氣泡)이라고 명명했다.

이런 상태에 있는 나에게 전계가 가해지면 주위에 존재하는
헬륨 원자도 함께 이동하게 된다. 액체 헬륨 속의 나의 이동도
가 예상보다 작아지고 있는 것은 이 때문이다. 이것에 대해 아
르곤 속의 나는 준(準)자유전자로서 이동한다. 그 때문에 나의
이동도가 커진 것이다.

나는 경영 선수

그렇다면 내가 물속을 헤엄칠 경우에는 어떤 억제력을 받을까? 물은 한 개의 산소와 두 개의 수소가 〈그림 7-5〉와 같이 결합해 있는 분자의 집합체이다. 이 분자 구조는 파장이 원자의 크기보다 작은 X선을 사용해서 실험적으로 확인한 것이다.

〈그림 7-5〉를 참조하면 물 분자는 비대칭의 결정 구조를 하고 있다. 그 때문에 물 분자에 대한 나의 충돌 면적이 구형을 한 분자의 그것보다 외관상으로 크다. 이것은 산소 원자 안에 사는 양성자가 수소 원자에 사는 동료를 끌어당기고 있기 때문이다. 산소 원자 속에도 동료가 살고 있는데, 2p 궤도에 두 개의 빈자리가 있다. 이 빈자리의 위치 때문에 수소 원자가 104.5도의 간격을 가지고 결합해 있는 것이다. 한 개의 물 분자 속에 존재하는 동료의 분포를 조사해 보면 산소 원자 쪽에 동료가 지나치게 많이 살고 있다는 것을 알 수 있다.

내가 이처럼 충돌 단면이 큰 물속을 이동할 때라든가 전자버블과 같은 형태로 액체 속을 이동할 때는, 전계가 1㎝당 10,000V인 경우 1초 동안 1m의 속도로써 헤엄칠 수 있다. 100m를 헤엄치는 데 100초가 걸린다.

1984년 하계 로스앤젤레스 올림픽에서는 100m를 52초에 헤엄친 선수가 우승을 했다. 올림픽 선수의 절반 속도인 셈이다.

다행히 나에게는 전계라고 하는 에너지원이 있다. 전계가 커져서 1m당 100만V가 되면 주위에 존재하는 액체 분자에 영향을 받지 않고 자유로이 헤엄칠 수 있다. 그렇게 되면 1초 동안 100m나 1,000m쯤은 쉽게 헤엄칠 수 있게 된다. 경영(鏡泳) 선수가 제아무리 효험이 있는 마법의 약을 먹었다고 해도 나는

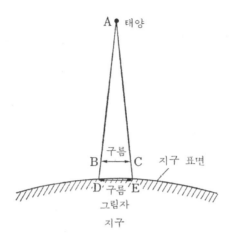

〈그림 7-6〉 지구 위 구름의 그림자

지지 않는다. 100m를 1초나 0.1초로 헤엄칠 수 있는 선수는 영원히 없을 것이기 때문이다.

이와 같이 우리가 액체 속을 자유로이, 더구나 고속도로 이동할 수 있는 상태가 되면 액체는 파괴되었다고 말한다.

나의 이동 현상은 정말로 보이는가?

맑게 갠 여름에는 작은 구름 덩어리가 바람이 부는 대로 남에서 북으로, 서에서 동으로 이동하는 광경을 볼 수가 있다. 우연히 구름이 나의 상공을 이동하고 있을 때는 구름이 태양빛을 가려서 내가 있는 곳이 어두워지고 구름이 통과하면 다시 밝아진다. 이때 구름의 그림자가 이동하는 속도는 구름이 이동하는 속도와 같다. 그것은 구름과 지구와의 거리가 태양과 구름의 거리와 비교해서 무시할 수 있을 만큼 작고, 태양광선이 지상

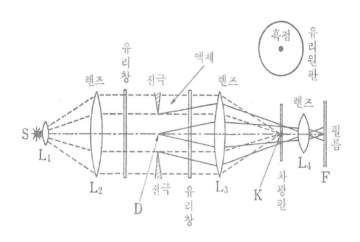

〈그림 7-7〉 슐리렌 장치

의 구름에 대해서 늘 평행하게 되어 있기 때문이다. 〈그림 7-6〉은 그 상태를 보여 주고 있다.

이와 같은 메커니즘을 이용해서 내가 액체 속을 이동하는 속도를 측정하려는 방법이 광학적(光學的) 계측법이다. 관측하는 물체가 작을 경우에는 렌즈로 확대하는 방법이 채용되고 있다. 그럼 〈그림 7-7〉은 그것의 대표적인 측정 방법이다.

레이저 광선 S로부터의 빛은 렌즈 L_1에서 확대되고, 다시 렌즈 L_2에서 태양 광선과 마찬가지로 평행 광선이 된다. 이 빛은 렌즈 L_3에 의해서 점 K에 집광하게 되어 있다. 렌즈 L_1와 L_3의 중간점 D에서 평행 광선의 진행 방향을 변화시킬 만한 굴절 현상이 일어나면 거기서 굴절한 빛은 점 K에 집광하지 않게 된다. 거기서 렌즈 L_3과 필름 F 사이에 렌즈 L_4를 배치하고 점 D의 상이 필름면 F 위에 상을 맺도록 조절해 두면, 점

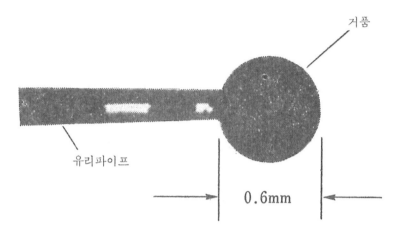

거품

유리파이프

0.6mm

<그림 7-8> 섀도법에 의해 촬영한 거품 도형

D에서 굴절하지 않는 빛은 필름면 위의 점 D 상의 위치에 다
다른다. 이것에 대해 점 D에서 굴절이나 반사한 빛은 필름면
위의 상 위치에 다다르지 않는 것이 된다. 따라서 맑은 배경에
어두운 상이 맺어지는 것이다. 이것을 일반적으로 섀도
(shadow)법이라고 부른다. 이 방법은 굴절하는 빛의 양이 적어
지면 영상이 선명해지지 않는다는 결점이 있다. 따라서 내가
액체 속을 이동하고 있기 때문에 일어나는 빛의 굴절 현상을
인간이 관측할 경우에는 매우 명확하지 못한 것이 되는 것이
다. 그래서 다음의 방법이 고안되었다.

만약 점에서 굴곡한 빛이 점 K에 집광하지 않는 것이 사실
이라면, 반대로 굴곡한 빛만이 필름면 위에 다다를 수 있는 방
법을 사용하면 섀도법과는 반대로 밝은 상이 얻어질지도 모른
다. 그러기 위해서는 광원 S로부터의 빛 중에서 굴절하지 않는
빛만을 점 K에서 차단하면 된다. 그래서 광원 S와 기하학적으

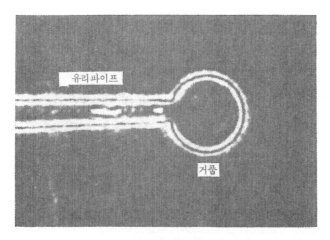

〈그림 7-9〉 슐리렌법에 의하여 촬영한 거품 도형

로 크기가 같은 원판 모양의 흑점을 점 K에 두기로 했다.

얄팍하고 투명한 유리판 표면에 박막(薄膜) 모양의 흑점을 증착(蒸着)하고, 유리판이 광축(光軸)과 직교하게 둔다고 하자. 이 경우, 점 D에서 굴곡한 빛은 점 D가 광원인 것처럼 진행해서 필름면 위에 밝은 상을 맺게 한다. 이것은 슐리렌법(Schlieren method 또는 modified Schlieren method: 굴절 무늬법)이라고 불린다.

〈그림 7-8〉은 증류수 속에 있는 지름이 0.6㎜의 작은 거품을 섀도법을 사용해서 촬영한 사진이다. 〈그림 7-9〉는 같은 거품을 슐리렌법으로 촬영한 것이다. 슐리렌법은 거품의 윤곽을 명확하게 기록할 수 있는 데 반해 섀도법은 불가능하다.

그렇다면 내가 액체 속을 이동했을 경우에도 같은 방법으로 기록할 수 있을까?

〈그림 7-10〉은 아르곤 이온 레이저 광선을 사용해서 내가

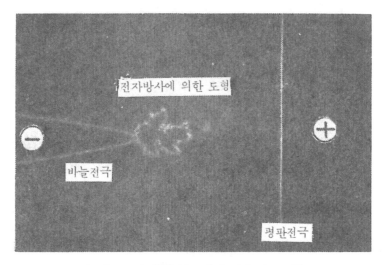

전자방사에 의한 도형

바늘전극

평판전극

〈그림 7-10〉 액체 질소 속의 전자 전도 도형

액체 질소 속을 이동하고 있을 때의 상태를 기록한 것이다. 이 것은 바늘 모양의 전극과 평판 모양의 전극을 3㎜ 떼어 놓고, 바늘 전극에 높은 음전압을 가했을 때의 모습이다. 현상도형(現象圖形)이 바늘 전극의 선단으로부터 평판 전극 방향으로 이동하고 있다. 도형이 음전극 쪽에서 양전극 쪽으로 이동하고 있는 것과 그 이동 속도가 1초 동안에 30m를 진행하는 것으로부터 우리가 이동한 현상에 대응하고 있다는 것이 결론이다.

그런데 광학적인 관측 방법은 빛의 파장의 크기에 따라서 관측되는 물체의 해상도(解像圖)가 달라진다. 빛의 파장이 짧아지면 짧아질수록 상이 선명해지는 것은 당연하다. 그런데 여기서 문제가 생긴다. 그것은 빛의 파장이 짧아지면 빛은 입자적(光子)인 성질이 나타나게 되고, 한 개의 광자가 갖는 에너지가 커지는 것이다. 그리고 이 에너지에 의해서 액체 속에 전리현상(電

離現象)이 발생한다. 이를테면 파장이 짧은 X선을 사용하면 X선이 갖는 에너지가 액체의 전리 에너지보다 100배나 커진다. 그 결과, 나의 이동 때문에 생긴 현상을 관측하는 빛에 의해서 생긴 현상과 구별할 수 없게 된다. 그러므로 빛의 파장을 짧게 할 수가 없는 것이다.

나의 이동과 빛의 굴절

빛이 액체 속에서 굴절하는 현상은 1621년에 스넬(Willcbrord Snell van Roijen, 1591~1626)이 발견했는데, 그 후 호이겐스(Christian Huyghens, 1629~1695)에 의해서 빛의 전파 속도(傳播速度)의 변화라는 것이 이론적으로 증명되었다. 또 나중에 와서 네덜란드의 로렌츠가 빛의 굴절 현상은 액체의 밀도 변화에 의한 것이라는 사실도 밝혔다.

그래서 액체 속을 내가 이동했을 때 만약 그 달려간 자국에 밀도 변화를 발생하게 할 수 있다면 나의 이동을 관측할 수 있을지도 모른다는 희망이 생겼다. 그리고 1955년에 액체 속을 입자가 이동했을 때 그 입자가 이동한 자국에 작은 거품이 발생하는 것을 이용해서 입자의 비적(飛跡)을 관측하는 장치가 발명되었다. 이것은 고에너지 입자의 비적을 관측하기 위해 고려된 것으로 버블 챔버(bubble chamber: 거품 상자)라고 불린다. 그 후, 이 장치는 내가 음극에서 방출되어 양극으로 진행하는 메커니즘의 연구에도 이용되었다.

그런데 내가 액체 속을 달려가면 액체 분자와 충돌하는데, 그때 내가 가지고 있는 운동에너지의 일부는 액체 분자에 주어진다. 그 경우, 거품이 생기기 쉬운 액체와 그렇지 않은 액체가 있다. 거품 상자의 경우도 마찬가지이지만 일반적으로 끓는점이 낮고, 표면장력(表面張力)이 작은 액체는 거품을 만들기 쉽다. 끓는점이 높고 점성(粘性)이 큰 액체는 거품이 생기기 어렵다. 이처럼 거품의 관측을 매개로 해서 나의 이동 현상을 관측할 경우 언제나 문제가 되는 것이 나의 이동과 거품의 발생과의 시간적인 간격, 또는 거품 발생의 동시성에 관한 문제이다. 내가 이동하고 나서 액체 속에 거품이 생기는 것은 틀림없지만 그 시간차의 정도가 문제인 것이나.

이 문제는 결론적으로 액체가 끓는 것의 정의(定義)에 관한 문제가 된다. 끓는다(비등)는 것은 액체가 기화(氣化)하는 것을 말한다. 따라서 액체 속에서 발포현상(發泡現象)이 생기기 시작한 온도를 비등 온도(끓는 온도)라고 한다. 끓는다고는 하지만 거품이 발생하기 시작한 순간을 말하는데, 그 순간을 정의하기가 어려운 것이다. 그것은 거품이 인간의 눈으로 볼 수 있는 크기가 된 상태를 말하는지, 아니면 보이지는 않지만 장래에 보일만한 크기로 성장할 가능성이 있는 상태를 말하는 것인지가 문제이다.

일단 거품이 발생하더라도 그것이 성장하느냐, 소멸하느냐의 크기의 한계는 액체 상태와도 관계되고 있지만 대체로 1000만 분의 1cm이다. 그 크기는 액체 분자 3개 정도이고 포핵(泡核)이라고 불린다. 이 크기의 거품을 만드는 데는 내가 액체 분자와 충돌하고서부터 1억 분의 1초 이내에도 가능하다. 이 작은 한 개의 포핵이 광학적으로 관측할 수 있는 크기인 100분의 1cm의 크기까지 성장하기 위해서는 1,000분의 1초 이상이 걸린다. 인간이 이 시간차를 실험적으로 확인한다는 것은 매우 힘들다.

그것은 액체 속에 발생한 한 개의 거품의 성장을 1000만 분의 1㎝로부터 100분의 1㎝ 크기까지 연속적으로 측정할 수가 없기 때문이다.

그런데 우리가 액체 속을 이동하는 현상의 관측에 있어서 우리가 액체 속을 이동하고서부터 국부적으로 밀도 변화가 발생하기까지 시간차는 1000만 분의 1초 정도까지로 확인되고 있다. 거품 크기의 변화로는 포착되지 않아도, 밀도 변화라면 여기까지는 포착할 수가 있다는 것이다. 때로는 1억 분의 1초 이하의 시간차까지도 인정되고 있다. 그러나 그와 같은 짧은 시간 안에 포핵이 광학적으로 관측할 수 있는 100분의 1㎝의 크기로까지 성장한다는 것은 물론 불가능하다. 그러나 하나하나의 거품이 포핵처럼 작더라도 그 수가 많아지고 밀도 변화로서 인정될 만한 값이 되면, 나의 이동에 대응한 거품 도형을 관측할 수 있다.

포핵 크기의 거품을 만드는 데는 내가 액체 속을 이동했을 때 내가 가진 운동에너지를 액체 분자에 주는 것으로 가능해진다. 그러나 내가 단 하나의 원자로부터 이웃 원자로 옮겨 간 것만으로는 그만한 운동에너지를 얻을 수는 없는 것이다. 그런데 그 후, 내가 액체 속을 평균자유행정보다도 훨씬 긴 거리를 충돌하지 않고서 이동하는 메커니즘을 생각하고, 그 결과 내가 액체 분자에 충돌했을 때 액체 속에 포핵을 만들기에 충분한 운동에너지를 갖는 것이 가능하게 되었다. 이것은 육상 경기의 삼단뛰기처럼 홉—스텝—점프(hop-step and jump) 식으로 이동한다고 해서 호핑 전도(hopping conduction: 깡충 뛰기)라고 부른다.

많은 연구자의 실험 결과를 종합하면 내가 액체 속을 호핑 메커니즘으로써 이동하는 거리는 액체 분자 크기의 20~30배라는 것을 알았다. 이것으로부터 밀도 변화에 의해서 관측되는 거품의 크기는 내가 호핑 전도로써 이동하는 거리와 같은 액체 분자의 20~30배일 것이라고 생각하고 있다.

그렇다면 이때 작은 거품은 몇 개쯤 모여서 굴절률 변화(屈折率變化)로 관측할 수 있을까? 이 문제는 액체의 밀도가 감소하는 비율과 굴절률 변화 비율과 관계하고 있다. 그리고 이 관계는 우연히 두 사람의 과학자—네덜란드의 로렌츠와 덴마크의 로렌츠(Ludwig Valentin Lorenz, 1829~1891)—에 의해서 해명되었다. 이 관계를 로렌츠—로렌츠의 법칙(Lorentz—Lorenz's formula)이라 부르고 있다. 이리하여 내가 액체 속을 이동해 가는 메커니즘이 광학적으로 밝혀졌다. 그래도 내가 액체 속을 통과한 시간과 거품이 관측 가능한 크기로 되기까지 1000만 분의 1초 전후의 시간차가 있다는 문제는 어쩔 수가 없다.

그러나 다행히 이 시간차(지연 시간)는 내가 통과하는 액체 속의 어디서나 거의 일정하다. 그래서 내가 통과하는 액체 속의 두 점 사이에서 거품의 발생 지연 시간을 측정할 수 있다면 그 시간 동안에 내가 두 점 사이를 이동했다는 것을 알 수 있다. 그 결과, 나의 참 이동 속도에 가까운 값을 얻게 되었다. 내가 액체 속을 이동하는 메커니즘은 액체 분자가 난잡하게 분포해 있기 때문에 이론적으로 해명하는 것이 곤란하다고 여겨진 것 같다. 그러나 최근의 계측 기술의 진보에 의해서 나의 이동 현상이 높은 정밀도로써 측정되는 동시에 액체의 분자 구조와 나의 이동 메커니즘이 이론적으로 밝혀지고 있다. 그 경우, 내가 언제나 달려가게 될 액체는 어김없이 극저온(極低溫) 액체이다. 극저온 액체는 분자 구조가 간단하고 불순물이 액체 속에 끼어 들기 어려운 특징이 있기 때문이다.

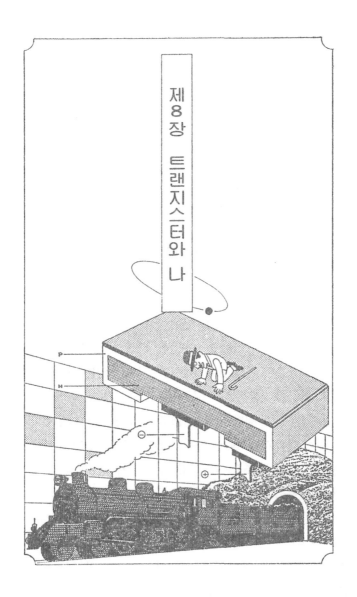

제8장 트랜지스터와 나

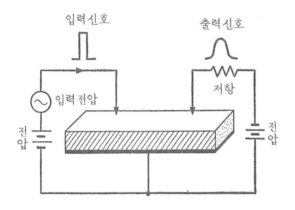

〈그림 8-1〉 반도체와 바늘 전극

트랜지스터의 탄생

트랜지스터는 1948년에 미국의 과학자 쇼클리(William Bradford Schockley, 1910~1989)에 의해서 발견되었다. 쇼클리는 1943년경부터 진공관을 대신할 고체 소자(固體素子)가 없을까 하고 연구를 시작했다. 그 실마리로 1906년에 미국의 단비디가 발견한 광석 검파기(鐵石檢波器)의 연구부터 착수했다.

이 광석 검파기는 작은 평판 모양의 고체 표면에 바늘 모양의 전극을 세운 구조로 되어 있고, 전류가 한 방향으로만 흐르는 정류 작용을 하는 소자이다. 이것은 양도체와 절연체의 중간 저항을 가리켜서 반도체(半導體)라고 불린다. 쇼클리는 거울면 모양으로 연마된 실리콘 반도체의 표면 위에 〈그림 8-1〉처럼 바늘 모양의 전극 2개를 세웠다. 그리고 한쪽의 바늘 전극(그림의 왼쪽)과 반도체를 끼운 평판 전극(그림의 아래쪽) 사이에 신호 전류를 흘려보냈더니, 다른 쪽 바늘 전극(그림의 오른쪽)과 평판 전극(그림의 아래쪽) 사이에 신호 전압이 발생하고 있는 것을 알아챘다. 이 현상의 발견이 트랜지스터가 탄생한 역사적인 순간이다.

쇼클리는 두 바늘 전극 사이의 거리를 100만 분의 1m(미크론: μ)부터 1,000분의 1m(㎜)의 범위에서 멀리 떼어 놓거나, 접근시키거나, 때로는 반도체의 재료를 바꾸어 가면서 입력신호 전압과 출력신호 전압의 관계를 측정한다. 그 결과 출력신호 전압이 입력신호 전압보다 크게 되는 조건을 찾아냈다. 즉, 증폭작용을 갖는 고체 소자가 발견된 것이다.

홀과 나

그런데 쇼클리가 실험으로 얻은 출력신호 전압은 내가 바늘 전극으로부터 반도체 쪽으로 흘렀다고 생각되는 전류에 대응하고 있었다. 그때까지 고체 속에서 전하를 운반할 수 있는 입자라고 하면 나뿐이라고 생각하고 있었으므로, 이전의 광석 검파기라든가 반도체를 흐르는 전류의 방향과는 전혀 반대의 특성을 지니는 소자의 존재가 밝혀진 것이다. 거기서 쇼클리는 나와는 반대의 극성을 가진, 더구나 나와는 반대 방향으로 이동하는 입자를 제안하고 이 환상의 입자를 우선 홀(hole)이라고 명명했다. 「홀」은 우리말로는 「구멍」을 뜻하는데, 내가 빠져나간 자리, 즉 원자로부터 내가 뛰어나간 양이온을 닮은 특성을 가진 입자이다. 따라서 이 홀은 「정공(正孔)」이라고도 부른다. 그 결과, 음전하를 가진 내가 흐를 수 있는 반도체와 양전하를 가진 홀이 흐를 수 있는 반도체가 있다는 것을 알았다.

원래 반도체는 유리와 같은 절연물과 금속과 같은 도체의 중

	절연체	반도체	양도체
저항률	$10^{14}\sim10^9$	$10^4\sim10^{-1}$	$10^{-5}\sim10^{-6}$
재료명	고무·유리	게르마늄	금·은·구리

〈그림 8-2〉 물질의 전기저항률(Ω·㎝)

가적인 전기적 특성을 지닌 물질이다. 물질의 전기를 통하는 정도를 가리키는 양으로 도전율(導電率)이 있다. 이것은 한 변의 길이가 같은 주사위처럼 입방체인 물질의 상대 면에 1V의 전압을 가했을 때 물질 속을 흐르는 전류의 크기이다. 이것에 대해 도전율의 역수는 제5장에서 말한 것과 같은 물질의 저항률(抵抗率)을 가리키고 있다. 반도체의 성질은 저항률을 사용해서 설명하는 것이 일반적이다. 이를테면 구리의 저항률이 1.7× 10^{-6} Ω·㎝인데 비해 유리의 저항률은 $10^9\sim10^{10}$ Ω·㎝이다. 옴·센티미터는 한 변의 길이가 1㎝인 입방체를 한 물질의 대향면과 면 사이의 저항을 나타내는 단위이다. 따라서 도체와 절연물의 거의 중간적인 저항률 0.1~1만Ω·㎝를 갖는 물질을 반도체라고 하는 셈이다. 〈그림 8-2〉는 대표적인 물질의 저항률이다. 이 표를 참조하면 물질의 종류에 따라서 저항률이 각각 다르고 매우 광범위에 걸쳐 있다는 것을 알 수 있다.

p형 반도체와 나

반도체의 저항률이 금속의 저항률과 절연물의 저항률의 중간 값을 갖는 것이라고 한다면, 양도체인 금속을 미세한 가루로

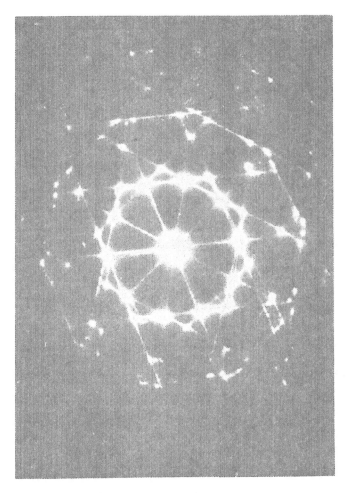

〈그림 8-3〉 실리콘의 결정 작용을 포착한 결정 사진

부수어서 유리와 같은 절연물 속에 녹여 넣음으로써 반도체와 같은 저항률을 갖는 비결정질 물질을 만들 수 있을지도 모른다. 그러나 쇼클리가 발견한 반도체는 물질을 구성하는 원자가 결정 모양으로 결합한 물질이다. 이것은 단일 원자로써 구성되

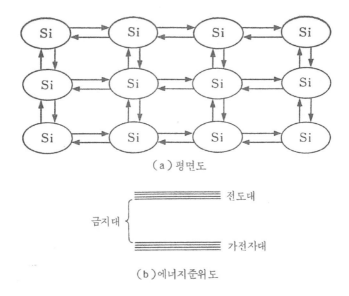

(a) 평면도

금지대

전도대

가전자대

(b) 에너지준위도

〈그림 8-4〉 실리콘 결정체의 평면도

는 결정체 또는 그 속에 다른 종류의 원자로 치환(置換)된 물질이다. 여기서 반도체의 기반이 되고 있는 결정체는 주기율표의 제Ⅳ족에 속하는 실리콘 원자 또는 저마늄 원자의 집합체이다. 수많은 실리콘 원자가 결합하면 〈그림 6-8〉에 나타낸 것과 같은 사면 입방체의 형태로 결정을 이룬다. 〈그림 8-3〉은 〈그림 6-8〉과 같은 결정 구조를 가진 실리콘 결정체를 전자빔을 사용해서 촬영한 전자현미경 사진이다.

〈그림 8-3〉의 중심에 보이는 커다란 흰 점은 〈그림 6-8〉의 정점에 위치하는 실리콘 원자이다. 또 그 주위에 규칙적으로 배열해 있는 흰 점은 〈그림 6-8〉에 보인 개개 원자에 대응하고 있다. 실리콘은 원자번호 14의 원소로서 K 궤도에 2개, L 궤도에 8개, 그리고 M 궤도에 4개의 동료가 살고 있는 원자이

다. 이 경우, 원자의 최외각인 M 궤도에 살고 있는 4개의 동료는 주위의 4개의 원자와 서로 하나씩 손을 내밀어서 결합하고 있다. 이와 같은 결합은 제6장에서 말한 다이아몬드의 경우와 마찬가지로 공유결합이라고 불린다. 실리콘 원자의 결합 상태를 간단히 나타내는 데는 〈그림 8-4〉와 같이 평면도로써 표현하는 경우가 많다.

그림의 중심에 있는 한 개의 실리콘 원자에 착안하면 좌우상하의 실리콘 원자와 결합한 결합수(結合手)는 8개가 된다. 따라서 M 궤도에 살고 있는 동료는 서로 협력해서 정사면체를 형성하는 것이다. 결정체의 내부에는 자유로이 행동할 수 있는 동료가 없다. 이 M 궤도는 가전자(價電子)라고 불린다. 그렇다고 해서 원자와 원자 사이를 자유로이 이동할 수 없는 것은 아니다. 실리콘 원자 안의 우리 혹은 외부에서 들어오는 동료가 자유로이 이동할 수 있는 고속도로(전도대)를 달려갈 만한 에너지를 가지고 있으면 이동할 수 있다. 가전자대와 전도대의 에너지 차가 원자와 원자 사이에 내가 뛰어올라야 할 에너지의 층차(層差)와 같은 것이다.

이 실리콘 결정체 속에 제III족의 원소인 갈륨 원자의 미량을 혼입하면 결정체 안의 일부 실리콘 원자는 갈륨 원자로 치환된다. 〈그림 8-5〉는 그 모형도이다.

갈륨 원자는 원자번호 31로 최외각의 N 궤도에 3개의 동료가 살고 있다. 이 동료가 주위의 4개의 실리콘 원자 안의 3개와 서로 손을 맞잡고 결합할 수가 있다. 그러나 〈그림 8-5〉에서 보듯이 다른 한 개의 실리콘 원자와는 아무리 해도 결합할 수가 없다. 나머지 한 개의 실리콘 원자에 소속된 동료는 갈륨

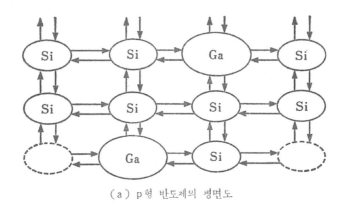

(a) p형 반도체의 평면도

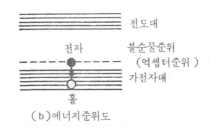

(b)에너지준위도

〈그림 8-5〉 p형 반도체의 모델도(a)와 에너지 모델도(b)

과 결합해 있기는 하지만 갈륨에는 그 동료와 협력할 수 있을 만한 동료가 없다. 즉 결정체 속에는 불순물(갈륨)의 원자 수와 같은 수의 동료가 부족하다는 것이다. 다행인지 불행인지 갈륨의 가전자대의 에너지 준위(acceptor 준위: 收容準位라고도 한다)가 이웃의 실리콘의 가전대의 에너지 준위보다 아주 근소하게 높다. 동일 종류의 수많은 원자가 결합했을 때 원자의 최외각 에너지 준위에 살고 있는 동료는 같은 에너지 준위에는 존재할 수 없기 때문에 〈그림 8-5〉의 (b)에 보인 에너지 폭이 존재하는 것이다. 억셉터 준위에도 마찬가지로 불순물 원자의 수만큼

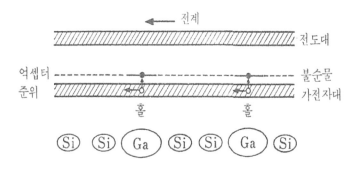

〈그림 8-6〉 p형 반도체, 홀 전도 모델

에너지 준위 폭이 존재하고 있는 것이다.

반도체에 외부에서부터 에너지가 주어지면 불순물 원자와 결합해 있지 않은 몇 개의 실리콘 원자에 살고 있는 동료는 그 이웃의 불순물 원자의 억셉터 준위로 뛰어오른다. 억셉터 준위로 뛰어오른 동료는 불순물 사이의 거리가 너무 멀리 떨어져 있기 때문에 좀처럼 자유로이 이동할 수가 없다.

갈륨을 함유한 실리콘 반도체에 전계가 가해졌다고 하면 실리콘 안에 살고 있는 나는 전계와 반대 방향으로 이동하는 힘을 받는다. 그리고 그 힘이 충분히 크면 이웃 갈륨의 억셉터 준위로 옮겨갈 수가 있다. 그 결과 그때까지 살고 있던 실리콘 원자는 내가 빠져나간 상태가 된다. 이 상태를 홀이라고 부른다. 홀 상태가 된 실리콘 원자는 전계와 동일 방향이며, 그 앞의 실리콘 원자 안에 살고 있는 동료를 끌어들여서 중성 상태의 실리콘 원자가 된다. 동료를 빼앗긴 실리콘 원자는 그 이웃의 실리콘 원자로부터 뛰어나간 동료를 끌어당긴다. 〈그림 8-6〉은 그 모형도이다.

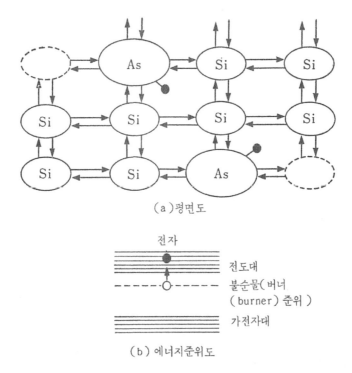

(a)평면도

전자

전도대

불순물(버너
(burner) 준위)

가전자대

(b) 에너지준위도

〈그림 8-7〉 n형 반도체의 모델도와 에너지 모델도

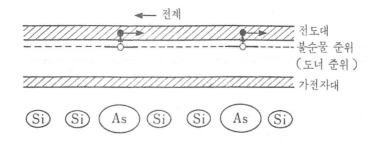

← 전계

전도대
불순물 준위
(도너 준위)
가전자대

〈그림 8-8〉 n형 반도체와 전자 전도 모델

이처럼 동료가 잇달아 전계와 반대 방향으로 순차적으로 이동하는 것이, 동시에 양전하를 띤 홀이 전계 방향으로 이동하는 것과 등가현상(等價現象)으로 되는 것이다. 양전하를 띤 홀이 이동하는 반도체는 p형 반도체라고 부른다. 영어 'Positive semiconductor'의 머리글자 P를 따서 붙인 이름이다.

n형 반도체와 나

그렇다면 실리콘 결정체에 실리콘 원자보다 원자번호가 하나 큰 제V족의 원소인 비소를 불순물로 미량 혼입했을 경우에는 어떤 일이 일어날까? p형 반도체와 마찬가지로 실리콘 결정체의 격자점(格子點)에 비소가 들어간 상태에서의 모형도가 〈그림 8-7〉이다. 비소는 최외각의 N 궤도에 5개의 동료가 살고 있으므로 양 이웃에 존재하는 실리콘 원자와 결합할 수 없는 동료 한 개가 존재하는 것이 된다. 이 동료는 불순물 원자인 비소 원자핵에 살고 있는 양성자로부터도 흡인력이 미치지 않게 된다. 이와 같은 동료를 준자유전자(準自由電子)라고도 부른다.

준자유전자 상태로 존재하는 비소 원자 안의 동료는 양성자에 강하게 속박되어 있지 않다. 이 경우에는 다행인지 불행인지 비소의 준자유전자의 에너지 준위(도너 준위: donor level이라고 한다)가 〈그림 8-7〉의 (b)에 보인 것처럼 실리콘 원자의 전도대의 에너지 준위보다 조금 낮은 곳에 생긴다는 것을 의미한다. 그 때문에 비소 원자에 살고 있는 준자유전자 상태인 동료도 외부로부터 근소한 에너지를 얻기만 하면 실리콘의 전도대를 이동할 수 있게 되는 것이다. 이런 종류의 반도체의 에너지 준위를 가리키는 모형도는 일반적으로 〈그림 8-8〉이다. 즉 충만대(充滿帶) 부분은 실리콘의 가전자대이며, 전도대는 우리가 실리콘 결정체 속을 자유로이 이동할 수 있는 에너지 준위의 폭이다. 또 불순물 준위는 비소 원자의 가전자대이다.

그런데 실리콘 결정체 속에 불순물로서 비소를 0.01% 혼입했을 때 비소 원자는 1㎤당 2.1×10^{15}개가 존재해 있는 것이 된다. 또 한 개의 비소에 한 개의 비율로 실리콘 원자와 결합하지 못한 동료가 존재해 있으므로, 실리콘 결정체 속에 불순물 원자의 수와 같은 수의 자유로운 동료가 존재하는 것이 된다. 외부로부터 근소한 에너지를 얻기만 해도 이들 동료는 실리콘의 전도대로 옮겨갈 수가 있다. 그 결과, 놀라울 만큼 많은 자유로운 동료가 실리콘 결정체의 전도대에 존재해 있는 것이 된다. 이것은 전자가 과잉한 반도체라고도 말할 수 있다. 이와 같은 반도체는 n형 반도체라고 불린다. 이것은 p형 반도체의 경우와 마찬가지로 영어 'Negative semiconductor'의 머리글자 N을 따서 붙인 명칭이다.

p형 반도체의 경우와 마찬가지로 평판 모양의 n형 반도체를 바늘 모양 전극과 평판 모양 전극 사이에 끼우고 두 전극 사이에 교류 전압을 가했다고 하면, 바늘 전극이 양극성으로 되었을 때는 전류가 흐르고 음극성으로 되었을 때는 흐르지 않는다.

이 현상은 나로서는 이해하기 곤란하다. 그것은 내가 이 지구 위에서도 가장 작은 입자이기 때문에 바늘 끝에서나 평판에서도 기하학적인 크기 등은 문제가 안 되는 것이다. 우리는 자유 전자가 다량으로 존재하는 바늘 전극 쪽에서도, 전자 과잉형의 n형 반도체 속에서도 자유로이 이동할 수 있을 것이다. 물론 금속 도선 속으로부터 n형 반도체 쪽으로 내가 이동하기

명칭	기호	전자·홀의 이동도	
		전자	홀
갈륨 비소	GaAs	8500	420
인듐 비소	InAs	33000	460
알루미늄 안티모니	AlSb	200	420
갈륨 안티모니	GaSb	4000	1400
인듐 안티모니	InSb	78000	750
실리콘	Si	1450	500
저마늄	Ge	4500	3500

〈그림 8-9〉 각종 반도체 속의 전자, 홀의 이동도(㎠/볼트·초)

힘들다는 것은 쉽게 생각할 수 있다. 그러나 그것이 n형 반도
체 속에서 내가 바늘 전극으로부터 반도체로 흘러 들어가지 못
하는 결정적인 이유라고는 생각하기 어렵다.

제5장에서 내가 금속 안을 이동하는 현상에 대해서 말했듯
이, 우리는 금속 안을 전계가 0에 가까울 만큼 작아도 이동할
수가 있다. 그러나 n형 반도체 속에서는 금속 안의 전계와 비
교해서 수만 배, 또는 수백만 배의 전계가 필요하다. 그러나 이
것이 나의 이동에 방향성이 있다고 하는 주된 원인이라고 생각
하지 않는다. 그 원인은 금속과 반도체 사이에는 에너지 층차
가 있고, 게다가 둘 사이에는 에너지 장벽까지 형성되어 있기
때문이다. 즉 n형 반도체에 사는 동료의 에너지 준위 쪽이 바
늘 전극 동료의 그것보다 높고 또 둘 사이에 내가 뛰어오르지
않으면 안 될 장벽이 존재하는 것이다. 따라서 n형 반도체로부
터 바늘 전극 쪽으로는 이동하기 쉬워도 그 반대 방향으로는
이동할 수가 없다. 이 사실로부터 광석 검파기에 사용된 반도
체는 n형 반도체라는 것을 알 수 있다. 이상의 이야기는 이상

적인 특성을 말한 것이지만 실제의 반도체는 〈그림 8-12〉와 같이 반대 방향의 전압을 가해도 조금은 흐른다. 다만 그 비율이 매우 작아서 약 1/100 정도이다.

반도체 속의 나의 이동 속도

지금까지의 논의를 종합하면 p형 반도체의 경우나 n형 반도체의 경우 내가 이동의 주역으로 되어 있는 것만은 확실하다. 나만 n형 반도체의 경우에는 내가 실리콘 결정체의 선도대를 이동하고 있는 데 비해서, p형 반도체의 경우는 가전자대에 사는 홀이 전계 방향으로 이동하고 있다는 점이 다를 뿐이다.

그렇다면 양전하를 띤 홀 입자가 가전자대에 살고 있다고 하더라도 그것은 외관상의 일이다. 실제는 내가 실리콘의 가전자대로부터 이웃에 있는 동료가 부족한 실리콘 원자의 가전자대로 이동하고 있는 것이다. 즉 p형 반도체에 전계가 가해졌을 경우, 홀은 전계 방향 앞의 이웃에 있는 실리콘의 가전자대에 있는 다른 동료를 끌어당기고, 다시 그 이웃의 실리콘 원자의 가전자대에 살고 있는 동료가 끌어 당겨져서 새로운 홀을 형성하는 것이다.

이처럼 홀은 우리가 불순물의 가전자대(억셉터 준위)를 매개로 해서 이동하기 때문에 n형 반도체보다 이동 속도가 작아진다. 우리가 물질 속을 이동할 때 통하기 쉬운 정도를 나타내는 양으로 이동도(移動度)가 있다. 이것은 나의 이동 속도를 그때의 전계의 크기로서 나눈 값이며 대개의 경우 전계의 크기에는 관계가 없는 양이다.

〈그림 8-9〉는 대표적인 반도체의 나의 이동도 및 홀의 이동

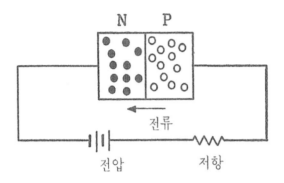

도이다. 표에서도 알 수 있듯이, 나의 이동도 쪽이 홀의 이동도
보다 크다는 것을 알 수 있다.

나는 터널을 좋아한다

불순물이 들어간 p형 반도체 및 n형 반도체를 접합한 소자
를 PN접합형 다이오드라고 부른다. 〈그림 8-10〉은 PN접합형
다이오드의 모형도이다. PN접합형 다이오드에서 p형 반도체를
양전극으로 했을 때 흐르는 전류에 대해서는 〈그림 8-11〉과
같은 에너지 모형도가 사용된다. 〈그림 8-11〉의 (a)는 전계를
가하지 않는 경우의 우리의 에너지 준위이다. p형 반도체의 페
르미 준위 및 n형 반도체의 페르미 준위가 거의 일치한다.

p형 반도체가 양극이 되게끔 전압을 가하면 n형 반도체의
전도대 에너지 준위가 상승하고, 〈그림 8-11〉의 (b)처럼 n형
반도체 속의 나는 p형 반도체 쪽으로 작은 에너지 층차를 올라
가는 것만으로 이동할 수 있게 된다. 또 p형 반도체 속의 홀도

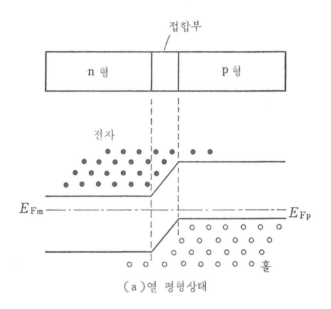

(a) 열 평형상태

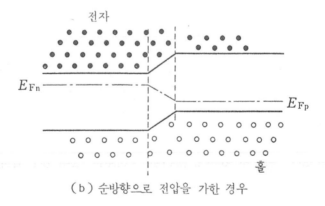

(b) 순방향으로 전압을 가한 경우

〈그림 8-11〉 PN다이오드 모델 (a)~(c)와 (d) 열평형 상태

n형 반도체 속으로 이동하기 쉬워진다. 다만 홀은 나의 경우와
는 반대여서 에너지 충차를 내려가는 것이 서투르다는 점에 주

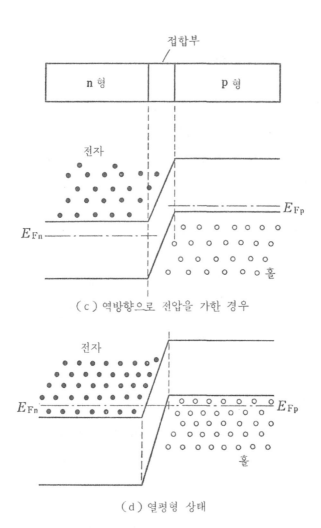

（ c ）역방향으로 전압을 가한 경우

（ d ）열평형 상태

P N터널 다이오드 모델（ d ）

의할 필요가 있다. 이 층차가 작아져 있는 것이다.

그런데 p형 반도체가 음전위가 되게끔 전압을 가하면 〈그림

8-11〉의 (c)와 같이 에너지의 층차가 커져서 나는 이동을 할 수 없게 된다. 마찬가지로 홀은 내려가기가 어려워진다. 즉 이동하기 어렵게 되는 것이다. 그런데 p형 반도체와 n형 반도체에 과잉 불순물을 넣었을 경우에는 p형 반도체의 전도대와 n형 반도체의 전도대와 에너지 차가 매우 커지면서 〈그림 8-11〉의 (d)와 같이 된다. 이 경우 n형 반도체 전도대의 에너지 준위와 p형 반도체의 가전자대와 에너지 준위가 거의 같아진다. 니는 이 경우에는 n형 반도체의 전도대와 p형 반도체의 에너지 차보다 작은 에너지로써, n형 반도체의 전도대로부터 p형 반도체의 가전자대로 이동해서 홀과 결합할 수 있게 된다. 이와 같은 작은 에너지로서 n형 반도체의 전도대로부터 p형 반도체의 가전자대로 이동할 수 있는 현상은 마치 둘 사이가 터널로 연결된 것과 같으므로 이 현상을 터널효과라고 부른다.

진공관, 트랜지스터와 나

1904년, 영국의 과학자 플레밍(John Ambrose Fleming, 1849~1945)이 발견한 진공관은 라디오, 텔레비전을 비롯하여 인간 생활에 없어서는 안 될 귀중한 존재가 되었다. 플레밍은 백열전구의 개량을 연구하다가 우연히 진공관을 발명했다.

백열전구라는 것은 진공 상태의 유리관 속에 가느다란 도선을 통한 것이다. 이것에 전류를 통과시키면 도선이 고온이 되어서 빛을 복사(輻射)하는 현상을 이용한다. 플레밍은 탄소로 된 가느다란 코일 모양의 가는 선(필라멘트) 주위에 원통 모양의 전극을 배치한 2극 진공관을 시험적으로 만들었다. 그 후, 미

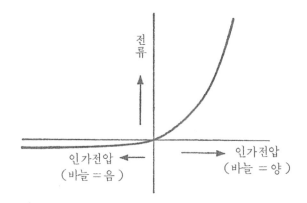

전류

인가전압 ◀━━━
（바늘 = 음 ）

━━▶ 인가전압
（바늘 = 양 ）

〈그림 8-12〉 다이오드의 전압, 전류 특성

국의 드 포레스트(Lee de Forest, 1873~1961)가 3극 진공관을 발명했다. 그 결과 정류작용, 증폭작용, 검파작용의 세 작용을 지니는 진공관이 완성되었다.

첫 번째의 정류작용(整流作用)은 진공 상태로 되어 있는 유리 관 속에 두 개의 전극이 배치되고, 한쪽 전극(A극)은 우리가 진공관 안으로 뛰어나가기 쉬운 구조로 되어 있다.

즉 A극의 뒤쪽에 가느다란 니크롬선(필라멘트)이 배치되어 이 것에 전류를 통하게 함으로써 A극이 고온 상태가 되는 동시에, A극 안에 살고 있던 동료는 에너지가 증가해서 A극에서 자유 공간으로 뛰어나가는 것이다. 따라서 A극의 표면 부근에는 많은 동료가 모여 있게 된다. 거기서 A극을 음전위로 하고서 다른 쪽 전극(B극)에 양 전압을 가하면, A극의 표면 위에 모여 있던 동료는 B극으로 이동하기 시작한다. 이때 전류는 B극에서 A극으로 흐르는 것이 된다.

그렇다면 B극과 A극에 가하는 전압을 반전하면 전극 사이에 어떤 전류가 흐르게 될까? 본래 B극의 표면 온도가 낮기 때문에 동료는 그 근처에는 모여 있지 않다. 따라서 B극에서 A극으로 진행할 수 있는 동료가 존재하지 않는 것이 된다. 즉 그 방향으로는 전류가 흐르지 않는다.

B극과 A극 사이에 교류 전압을 가하면, B극이 양 전위가 되었을 때만 전류가 흐르게 된다. 이것이 진공관의 정류작용이다. 이 특성(그림 8-12)은 〈그림 8-11〉에 보인 PN디이오드의 전압-전류 특성과 같다. 이 경우 n형 반도체가 진공관의 음극에, p형 반도체가 양극에 대응하고 있는 것을 안다.

두 번째 증폭작용(增幅作用)은 3극 진공관이 발명됨으로써 가능하게 되었다. 2극 진공관의 경우는 양극을 양전위에, 음극을 음전위가 되게끔 전압을 가하면 우리는 음극으로부터 양극으로 이동할 수 있었다. 만약에 두 전극 사이에 쇠그물을 두었다고 하면 우리는 이 쇠그물의 틈새를 통과해서 양극으로 이동해야 한다. 그래서 음극에 대해 음전위가 될 만한 전압을 쇠그물에 가하면 쇠그물까지 도달한 우리는 음극으로 되밀리는 힘을 받는다. 그 결과 양극을 흐르는 전류가 감소하게 된다. 그런데 쇠그물에다 양 전압을 가하면 음극에서 출발한 우리는 쇠그물에 전위가 가해지지 않았을 때보다 빠른 속도로 양극으로 향할 수가 있다. 그 결과로 우리의 이동 속도에 비례한 전류가 양극 쪽으로 흐르게 된다. 즉 쇠그물에 가하는 전압을 조금만 변화시키는 것만으로 양극을 흐르는 전류가 크게 변화하는 것이다.

거기서 우리가 흘러들어가는 양극과 전원을 연결하는 회로에 직렬로 저항을 접속하면 저항의 양단에는 옴의 법칙을 쫓아서

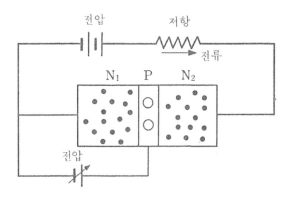

〈그림 8-13〉 NPN트랜지스터

전류의 변화의 크기에 비례한 전압이 생기게 된다. 저항에 발생한 전압의 변화가 쇠그물[격자전극(格子電極)이라고 한다]이 가하는 전압의 변화보다 크게 할 수 있으면 전압이 증폭되었다는 것이 된다.

이것에 대해 〈그림 8-1〉에 보인 점접촉형(點接觸型) 트랜지스터도 증폭작용을 가리키고 있는 데서 진공관의 기능과 대비할 수 있을 것이다. 이윽고 〈그림 8-1〉에 보인 점접촉형 트랜지스터는 〈그림 8-13〉과 같은 NPN 면접촉형 트랜지스터로 개량되었다.

n형 반도체 N_1과 p형 반도체 P와의 사이에 p가 양극성이 되게끔 전압을 가하면, N_1 안의 과잉 동료는 p 안의 전도대로 이동한다. 이 p 안으로 들어온 동료는 p 안의 홀과 결합할 기회가 많아진다. 거기서 p형 반도체를 충분히 얇게 해서 홀과 재결합하기 전에 다른 n형 반도체 N_2로 이동하게 하면 우리는 N_2 안을 재빠르게 통과할 수 있게 된다. 그런데 N_1과 P에 가

하는 전압이 낮아지면 N_1 안의 동료가 이동하는 비율이 감소된다. 따라서 N_2를 흐르는 동료의 수가 그만큼 적어진다. 이와 같이 N_1과 P에 가하는 전압을 변화함으로써 N_2를 흐르는 전류를 변화시킬 수 있게 된다. N_2와 전원을 연결하는 회로에 직렬로 저항을 접속하면 저항 단자에는 N_2를 흐른 전류에 비례한 전압이 생기는데, 이 전압의 변화가 P와 N_1에 가하는 입력신호 전압의 변화보다 커지면 증폭작용이 실현된 것이 된다. 이 현상은 진공관의 증폭작용과 같이 생각해도 된다. 그 후 p형 반도체와 n형 반도체를 치환한 PNP트랜지스터도 개발되었다.

세 번째의 검파작용(檢波作用)은 광석 검파기가 2극관과 같은 특정을 지니고 있는 것에서 추정할 수 있는 현상이다.

반도체의 파괴란?

내가 반도체 속을 이동함으로써 정류작용, 증폭작용이 일어난다는 것이 명확해졌지만 이와 같은 특성은 전극 사이에 가하는 전압에 따라서 변화하는 것이다.

그런데 p형 반도체의 특성은 실리콘 원자의 가전자대와 불순물의 억셉터 준위 사이의 에너지의 층차에 관계된다. 또 n형 반도체는 실리콘의 전도대와 불순물의 도너 준위 사이의 에너지 층차에 관계된다. 만약 실리콘의 가전자대와 전도대 사이의 에너지 층차 이상의 전기에너지가 주어지면 우리는 반도체의 성질에 관계없이 양극에서 음극으로, 또 음극에서 양극으로 어느 방향으로도 자유로이 이동할 수 있게 된다. 그 에너지란 약 1eV이다.

즉, 나를 가전자대로부터 전도대로 뛰어오르게 하는 1eV 이상의 전압이 가해지면 나는 반도체 속을 자유로이 이동할 수 있다는 것이다. 즉, 반도체는 저항이 0이 된 상태가 된다. 이 상태를 인간은 반도체가 항복했다고 말한다.

이 항복상태(降代狀態)는 가해진 전압을 제거하면 본래의 반도체의 특성을 지니는 소자로 되돌아가는데, 흐르는 전류가 계속되면 그때 발생한 줄열로써 반도체의 결정이 파괴된다. 이 상태를 인간은 반도체가 파괴되었다고 말한다.

제 9 장 인간과 나

W. K. Röntgen

나는 컴퓨터 속에서 생각한다

철학자이며 또 수학자이기도 했던 프랑스의 데카르트(Rene Descartes, 1596~1650)는 만물은 모두 수(數)로써 표현할 수 있다고 생각했던 것 같다. 또 미(美)의 세계에서 사용되는 황금분할(黃金分割)은 자연의 아름다움을 수로써 나타낸 대표적인 예이다. 이것은 어떤 길이를 1:1.68의 비율로써 두 부분으로 나누었을 때 두 선분의 길이가 서로 가장 조화롭고 아름답게 분할된다는 것이다. 현대에서도 수가 만능이며 인간이 생각하는 모든 것이 컴퓨터에 의해서 대행될 수 있다고 말하는 과학자가 있다. 만약에 인간이 생각하는 것을 수(수식)로써 표현할 수 있다면 컴퓨터는 인간의 고민을 해결할 수 있을지도 모른다.

내가 컴퓨터와 관계를 갖게 된 것은 1949년에 미국에서 진공관식 계산기가 만들어지고서부터이다. 그 당시 컴퓨터를 이용하던 인간은 극히 일부의 과학자에 국한되어 있었다. 그런데 트랜지스터가 발견되고 이것이 진공관과 마찬가지로 세 가지 작용(정류작용, 증폭작용, 검파작용)을 가졌다는 이유에서 라디오, 텔레비전 분야에는 물론 컴퓨터의 세계에도 사용된 것이다. 컴퓨터는 어려운 수학을 해석하는 귀중한 것이라 여겨지지만 사실은 1과 0의 수만을 사용해서 또박또박 그것을 보태거나 빼거나 하는 기계이다. 이 계산은 우리의 기능에 의해서 이루어진다. 따라서 내가 트랜지스터 안을 이동하는 시간이 컴퓨터의 연산시간(演算時間)을 좌우한다. 과학자의 연구·노력에 의해서 트랜지스터가 소형화되고, 컴퓨터의 연산에 필요한 「1」이라는 단위의 신호를 발생시키는데 사용하는 트랜지스터, 저항, 콘덴서 등을 일체화한 회로소자(回路素子)가 고안되었다. 이것은

1959년에 미국에서 개발되어 IC[Integrated Circuit: 직접회로(集積回路)]라고 불리고 있다.

나는 인간이 트랜지스터를 발명해 준 것에 감사하고 있다. 그것은 내가 톰슨에 의해서 발견되었을 당시는 국한된 과학자들만 이해하고 있었는데, 현재는 전 세상 사람들에 의해서 주목을 받고 있기 때문이다. 그것은 현대가 일렉트로닉스 시대라고 일컬어지고 있는 것으로도 알 수 있다. 그 덕분에 우리가 얼마나 바빠졌는지 모른다. 지금 우리는 밤낮을 가리지 않고 일을 한다.

내가 트랜지스터와 저항 속을 이동하는 속도가 동시에 컴퓨터의 연산 속도와 관계된다고 말했는데, 사실은 우리가 단위 「1」의 신호를 만드는데도 시간이 필요하다. 이 시간은 우리가 컴퓨터 안에서 「생각하는」, 즉 우리가 효과적인 활동을 하기 위한 시간이며 이것이 컴퓨터의 연산 속도를 결정짓는다. 이 시간은 우리가 트랜지스터라든가 저항 속을 이동하는 시간과 관계되기 때문에 이것을 단축하기 위해서 과학자는 IC의 소형화에 온갖 열정을 쏟고 있다. 그 결과로 태어난 것이 초LSI(Ultra Large Scale Integrated circuit)이다. 이것에는 1㎠의 면적 속에 100만 개의 트랜지스터가 내장되어 있다. 〈그림 9-1〉은 초LSI에 내장된 한 개의 트랜지스터 단면도로서 스위치의 기능을 하는 MOS트랜지스터이다.

초LSI의 실현으로 한 개의 트랜지스터가 컴퓨터 안에서 차지하는 면적은 0.000001㎠ 이하가 되었다. 이 면적은 인간에게는 놀라울 정도로 매우 작은 듯 생각되지만, 내게는 무척이나 넓게 느껴진다. 나의 크기가 10^{-13} ㎝(추정값)인데 그것은 내가

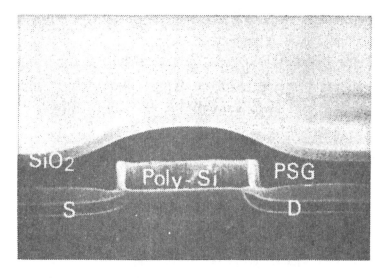

〈그림 9-1〉 초LSI에 내장되어 있는 1개의 MOS(metal-oxide-semiconductor)트랜지스터의 단면

단독으로 차지하는 면적의 10^{20}배나 넓기 때문이다.

내가 반도체 속을 이동하는 속도가 1초 동안에 10^7㎝인 것을 고려한다면, 내가 초LSI 속의 한 개의 트랜지스터(그 크기는 1~2μ)를 이동하는 시간은 50억 분의 1초이다. 그런데 컴퓨터의 연산 시간은 연산에 필요한 단위 신호를 1초 동안에 몇 번이나 발생시킬 수 있느냐는 것으로 결정된다. 현재 인간이 이용하는 최고 성능의 컴퓨터에서도 이 회수는 1초 동안에 5000만 번이라든가 1억 번이다. 즉 단위 「1」의 신호를 발생시키기 위해 우리가 「생각하는」 시간은 1억 분의 1초이다. 이렇게 빠른 동작을 하고 있는데도 과학자들은 우리의 동작이 느리다고 한다. 컴퓨터가 인간의 고민을 해결하기 위해서 하는 계산은 우리의 이동 속도가 빛의 속도에 접근하지 않으면 안 된다고 생각하기 때문이다. 그 때문에 갈륨—비소라는 것, 즉 내가 신속히 이동할 수 있는 재료를 사용한 소자(트랜지스터)가 개발되었다. 또 우리의 이동 속도를 빛의 속도로 접근시킬 수 있는 초전도(超傳導) 상태에서 동작하는 컴퓨터가 생각되고 있다. 이 것에는 1962년에 영국의 과학자 조셉슨(Brian David Josephson, 1940)이 발견한 조셉슨 소자가 주로 사용될 것이다. 제5세대의 컴퓨터로 불리며 인간의 사고 능력과 맞먹는 기능을 지니게 될 것으로 기대하는 컴퓨터에도 조셉슨 소자가 사용될지도 모른다. 이 경우에도 컴퓨터의 연산 시간은 내가 「생각하는」 시간에 의해서 결정되는 것이다.

레이저를 조작하는 나

1948년에 발견된 트랜지스터가 일렉트로닉스의 세계에 혁명을 가져온 것과 마찬가지로, 1960년에 발견된 레이저(LASER: Light Amplification of Stimulated Emission of Radiation)라고 불리는 광선이 빛의 세계에 혁명을 일으켰다. 그것은 미국의 과학자 마이먼(Theodore H. Maiman, 1927~2007)이 핑크색의 루비 결정체를 사용해서 종래에 없었던 새로운 빛을 발견한 것에서 시작된다. 어떤 점에서 새로운 빛인가 하면 이 빛을 비가 갠 후의 하늘에 던졌다고 해도 태양 광선처럼 일곱 색깔의 무지개로 변신하지 않는다. 이와 같은 특이한 성질을 지닌 빛을 방출하는 현상은 제4장에서도 말했듯이 물질을 구성하는 원자 안에 살고 있는 우리가 위치 변화를 함으로써 일어나는 것이다. 그런데 우리가 원자 속에서 살 수 있게 허용되는 궤도의 수는 제3장에서 설명했듯이 주양자수(主量子數), 부양자수(副量子

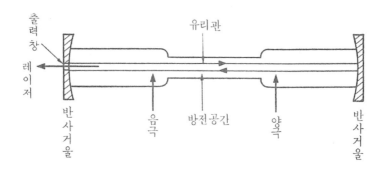

〈그림 9-2〉 레이저 발진판

數) 등에 관계된 양자조건(量子條件)에 의해서 결정되는데 그 수가 많다. 따라서 우리가 원자 안의 궤도를 이동함으로써 발생하는 빛은 수많은 다른 파장으로 이루어져 있다. 그런데 레이저는 물질을 구성하고 있는 원자로부터 한 종류의 파장을 가진 빛(光子)이 방출되었을 때 생기는 빛이다.

우선 어떻게 해서 레이저가 발생하는가를 살펴보자. 〈그림 9-2〉는 레이저 발생기의 모형도이다.

그림에서 알 수 있듯이 이 장치는 길쭉한 유리관, 양과 음의 전극 및 한 벌의 반사경으로 성립되어 있다. 이 경우 음전극(음극)은 우리가 뛰어나가기 쉽게 연구되어 있다. 또 반사경은 두 개의 오목면 거울 사이의 거리가 레이저광을 서로 강화하도록 배치되어 있다. 유리관의 내부를 진공으로 한 후, 레이저의 발생에 필요한 기체(이를테면 헬륨 가스나 네온 가스 등)를 넣고 봉하면 레이저 발생기는 완성된다.

유리관 안의 기체의 압력을 형광등의 내부처럼 낮게 하면 전극 사이에 가하는 전압이 낮은데도 불구하고 발광(發光)을 수반

한 방전 현상이 지속된다. 이때 발생하는 빛은 많은 종류의 파
장을 갖는 빛의 합성이다. 그러나 그들의 광자(光子) 속에서 오
목면 거울 사이에서 공진현상(共振現想)을 일으킬 수 있는 파장
의 빛만이 강한 빛이 될 수 있다. 이것에 대해 그 밖의 파장을
갖는 빛은 서로를 약화시켜서 소멸되고 만다. 오목면 거울 사
이에서 공진을 해서 서로를 강화시킨 빛은 한쪽 오목면 거울
중앙에 뚫려 있는 작은 창문(지름이 1㎜ 이하인 구멍)으로부터 외
부로 방출된다. 이 창문은 특별한 재료로 되어 있고, 이 창문에
충돌하는 광자의 수가 어느 값 이상이 되지 않으면 광자를 통
과시키지 않는다.

거기서 우리가 등장한다. 그것은 기체 속의 원자와 분자 안
에 살고 있는 우리가 서로 힘을 합하지 않으면 이전에 말한 그
작은 창문을 통과할 수 있을 만큼의 많은 광자가 발생하지 않
기 때문이다. 기체를 구성하는 원자, 분자가 같은 파장을 갖는
광자를 발생시키기 위해서는 각각의 원자에 살고 있는 동료가
에너지가 같은 높은 준위로 뛰어올라갈 필요가 있다. 즉 동료
가 낮고 안정된 준위에 사는 원자의 수보다 높은 준위에 살고
있는 원자의 수가 많은 상태가 된다는 것을 말한다. 이와 같은
상태를 반전분포(反轉分布)라고 부른다.

반전분포 상태로 되어 있는 원자에 빛이 부딪히면 그 빛의
파장이 우리가 천이(遷移)했을 때 방출하는 빛의 파장과 같을
때만 우리는 재빠르게 낮은 준위로 뛰어내리는 것이다. 그리고
광자가 진행하는 방향으로 존재하는 높은 에너지 준위에 사는
동료가 광자에 촉발되어 잇달아 뛰어내리기 때문에 같은 파장
을 갖는 광자의 집단이 형성된다. 이 현상은 제4장에서 말했듯

이 우리가 기체 속을 충돌, 전리 작용을 하면서 동료가 배증(倍增)되어 가는 현상과 마찬가지로 빛이 증폭하는 것으로부터 광증폭작용(光增幅作用)이라고 불린다. 이렇게 강화된 광자는 〈그림 9-2〉의 오목면 거울의 창문을 통과한다.

1960년에 발견되고서부터 레이저는 매우 짧은 세월 사이에 인간 생활에 없어서는 안 될 존재가 되었다. 의학 분야에서 응용되는 레이저 진단이나 레이저 메스, 최근에는 반도체를 사용한 레이저도 개발되었고, 광통신(光通信)과 레이저 디스크 등 무한한 분야가 개척되고 있다. 그러나 곰곰이 생각해 보면 레이저를 발생하게 하는 원동력은 빛을 매개로 하는 우리 전자의 일치협력에서 태어나고 있다. 여기서도 주역은 바로 우리 전자인 것이다. 그 때문에 현재는 광-일렉트로닉스의 시대라고까지 일컫고 있다.

센서란?

눈이 부자유한 사람이 아침에 일어나서 주변을 정리한 후, 일을 하러 나간다. 버스를 타고, 지하철을 갈아타고 목적지까지 간다. 나날이 같은 길을 사고도 없이 다닌다는 것은 놀라운 일이다. 그러나 그 사람에게는 극히 당연한 일을 하고 있는 것인지도 모른다. 귀와 코는 물론 신체 전체가 눈의 기능을 하고 있는 것이다. 이 사람은 하루 일을 마치고 밤늦게 돌아갈 때도 어두운 밤길을 빛이 없어도 걸어갈 수 있다. 이것은 눈에 의존하는 인간에게는 없는 뛰어난 능력이기도 하다. 이와 같이 뛰어난 능력은 인간의 기관(器官)과 신경조직에 의해서 지탱되고 있다. 유감스럽게도 보통 사람은 이 같은 능력을 가졌다는 사실을 잊기 쉽다. 인간은 신체 전체에 분포되어 있는 지각기관 (知覺器官)에 의해서 보호되고 있다.

이처럼 지각기관의 기능을 대행하는 것이 센서(sensor)이다. 인간이 어떤 물체나 현상을 인식하려 할 때, 직접 오관(五官)으로 인식하기 어려운 양을 센서가 대행하고 있는 것이다. 어쨌든 센서로 얻은 양은 수치(數値)라든가 화상(畵像)으로 변환된 후, 최종적으로는 인간의 오관에 의해서 인식된다. 그리고 오관 중에서도 특히 눈에 의해서 인식되는 경우가 많다. 그러므로 센서로 얻은 물체라든가, 현상의 상태를 가리키는 양은 눈으로 인식할 수 있는 양으로서 변환되지 않으면 안 된다. 이 변환기 (灣換器)는 트랜스듀서(transducer)라고 불린다. 이처럼 현대는 물체라든가 현상을 시각을 통해서 인식하는 등의 시각정보(視覺情報) 전성시대를 맞이하고 있다.

광센서와 나

인간은 약 2000년 전에 대안까지 강을 건너가지 않고도 강폭을 측정하는 삼각측량법을 발견했다. 또 눈으로는 직접 볼 수 없을 만한 먼 곳의 물체의 크기를 측정하는 망원경을 발명했다. 그러나 빠른 속도로 운동하는 물체와 다른 물체와의 거리를 측정하는 경우에는 삼각측량법도, 망원경을 사용하는 방법도 그 자체로는 아무 쓸모가 없다. 운동하고 있는 물체의 순간순간의 위치를 정확하게 측정할 수가 없기 때문이다. 그럴 경우에는 반응속도(反應速度)가 빠른 센서가 필요하다.

일반적으로 센서란 측정하려는 물체의 존재를 인식할 수 있는 소자(素子)를 말한다. 이 물체를 신속하게, 더구나 정확하게

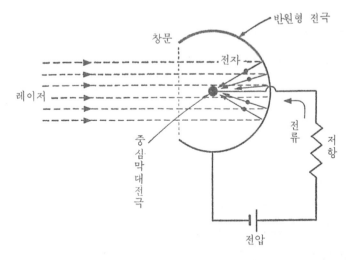

〈그림 9-3〉 광전판

인식하려면 센서로부터 얻은 신호는 전기의 양인 전압이나 전류로 변환해야 한다. 이 장치가 변환기, 즉 트랜스듀서이다. 센서와 트랜스듀서를 구별하기는 힘들기 때문에 둘이 한 통으로 된 소자를 센서라고 일컫는 경우가 많다. 지구와 달 사이의 거리 측정에 사용되는 광-전기 변환기가 그것의 한 예이다. 즉, 빛이 지구 표면을 발사한 시각과 달의 표면에서 반사해서 지구로 되돌아온 시각을 알면 지구와 달 사이의 거리를 측정할 수 있다.

광-전기 변환기로서 예로부터 사용되고 있는 것 중 하나로 〈그림 9-3〉의 광전관(光電管)이 있다. 이것은 반원형 금속판과 그 중심에 배치된 금속 막대로 구성되어 있다. 그리고 반원형 전극 표면에 빛이 입사(入射)할 수 있게 되어 있다. 또 이 금속 전극은 투명한 유리로 감쌌고 그 내부는 진공으로 되어 있다.

지금 입사한 빛이 반원형 금속판에 부딪히면 그 빛이 금속 안에 살고 있는 우리에게 에너지를 주어 그 금속 표면으로부터 우리를 뛰어나가게 한다. 우리가 반원형 전극으로부터 뛰어나갔을 때, 그 공간은 진공이며 자유로이 이동할 수 있는 것이다. 거기서 중심의 막대 전극이 양 전위가 되게끔 전압을 가하면 반원형 전극으로부터 뛰어나간 우리는 막대 전극 쪽에 흡인된다. 또 중심 전극에 도달한 우리는 전원 회로를 통해서 반원형 전극 쪽으로 이동한다. 만약에 전원 회로에 저항이 삽입되어 있으면 우리가 이 회로를 흘렀을 때 저항 양단에 전압, 즉 신호가 발생하게 된다. 이와 같은 광-전기 변환기를 광(光)센서라고 부른다.

계측과 나

전기 이외의 양을 전기의 양인 전압으로 변환하는 장치를 대표적으로 센서라고 한다고 했는데, 그렇다면 전기 이외의 양이 전압으로 나타내어지기 위해서는 어떤 변환이 필요할까? 제4장에서 말했듯이 전압은 에너지를 나타내는 지표 중 하나이다. 그러므로 전기 이외의 양은 어떤 형태이건, 일단 에너지라는 상태를 거치지 않으면 안 된다. 이를테면 온도를 측정할 경우에는 열에너지를 매개로 한 열전대(熱電對) 등의 센서로써 전기에너지로 변환되고 있다.

그런데 전기 이외의 에너지가 전기에너지로 변환될 경우, 전기에너지로 변환이 가능한 유효(有效)에너지와 전기에너지로 변환할 수 없는 무효(無效)에너지로 나누어진다. 유효에너지는 깁스(Josiah Willard Gibbs, 1839~1903)의 자유에너지라고도 불린

다. 따라서 깁스의 자유에너지가 무효에너지보다 충분히 크면
이 변환기는 센서로서의 기능을 지니게 된다. 즉 계측기(計測器)
로서 이용할 수 있는 것이다. 여기서 무효에너지는 온도가 높
아지면 커지는 양이다. 따라서 계측기는 온도가 낮은 상태에서
이용할수록 측정의 정밀도가 높아진다. 이와 같이 계측 분야에
서도 그 주역은 역시 나이다.

「안녕!」이라는 인사를 대신해서

인간은 시각, 청각, 미각, 후각 및 촉각의 오감(五感)을 사용
해서 물체와 현상을 인식한다. 그러나 이 밖에도 압각(壓覺), 통
각(痛覺), 평형감각 등 매우 많은 감각이 있으며, 일설에 따르
면 체내의 근육이나 내장에 있는 감각까지 포함하면 200종 이
상이나 되는 감각이 있다고 한다. 이들 감각으로 얻은 많은 감
각정보(感覺情報)를 집적해서 다시 뇌로 처리하여 정확하게 인식
할 수 있을 만한 새로운 감각 조직 계통이 완성되어 있다. 이
체계화에 따라 하나의 감각으로는 인식할 수 없는 양도 인식할
수가 있게 된다.

그런데 인간은 생각하는 갈대라고 파스칼(Blaise Pascal,
1623~1662)이 말했듯이, 인간이 인간다운 연유는 생각이라는
뛰어난 능력을 지녔다는 데 있다. 그렇다면 인간의 세포 속에
서 어느 부분의 세포 상태가 어떻게 변화하면 인간이 생각하는
것이 될까? 물론 그곳은 뇌세포일 것만은 확실하다. 어쨌든 인
간의 세포를 구성하는 것은 분자이다. 분자는 100종류 정도의
원자 결합으로써 이루어져 있다. 이들 원자를 결합하고 있는
것이 우리 전자의 결합력이다. 이렇게 생각해 보면 인간의 사

고(思考)의 근원은 원자의 최외각에 사는 우리의 활동에 의한다는 것을 추정할 수 있다. 우리가 원자 안의 궤도와 궤도 사이를 천이(遷移)해서 빛을 발생하고 있듯이, 또 금속 도선 속을 이동함으로써 전자기파를 발생하듯이 우리가 인간의 뇌세포 내부를 이동함으로써 뇌파(腦波)를 발생시키고 있는지도 모른다. 그리고 이 뇌파가 뇌 안의 다른 세포에 사는 동료를 들뜬 상태로 만들게 하는 것으로도 생각할 수 있다. 그러나 수많은 동료가 집합하면 그때까지 개개의 동료가 가지고 있지 않았던 행동을 하게 된다. 이처럼 나와 동료의 집단행동이 인간이 생각한다는 것과 어떤 관계가 있는지 그 밀접한 관련성의 진실은 진정 신만이 알 수 있는 세계일 것이다.

나는 전자이다

전자가 말하는 물리현상

1쇄 1986년 06월 25일
7쇄 2016년 11월 30일

지은이 무로오까 요시히로
옮긴이 이정한, 손영수
펴낸이 손영일
펴낸곳 전파과학사
주소 서울시 서대문구 증가로 18, 204호
등록 1956. 7. 23. 등록 제10-89호
전화 (02)333-8877(8855)
FAX (02)334-8092
홈페이지 www.s-wave.co.kr
E-mail chonpa2@hanmail.net
공식블로그 http://blog.naver.com/siencia

ISBN 978-89-7044-051-4 (03420)
파본은 구입처에서 교환해 드립니다.
정가는 커버에 표시되어 있습니다.

도서목록
현대과학신서

도서목록
BLUE BACKS